*Dem Andenken
an den großen Erforscher der antiken Sternkunde*
Otto Neugebauer
*(26. Mai 1899 – 19. Februar 1990)
Ehrenmitglied
der
Österreichischen Akademie der Wissenschaften*

DER STERN VON BETHLEHEM

- aus der Sicht der Astronomie beschrieben und erklärt

Konradin Ferrari d`Occhieppo

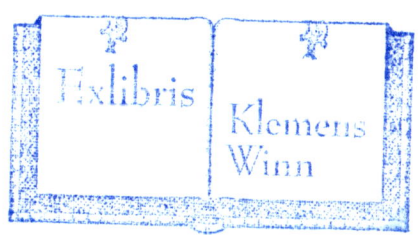

FRANCKH-KOSMOS

Mit 8 Abbildungen und erläuternden Zeichnungen

Umschlaggestaltung: Theodor Bayer-Eynck unter Verwendung einer Wiedergabe des Mosaikbildes „Die Magier" in S. Apollinare Nuovo zu Ravenna.

Die Deutsche Bibliothek – CIP-Einheitsaufnahme

Ferrari d'Occhieppo, Konradin:
Der Stern von Bethlehem, aus der Sicht der Astronomie beschrieben und erklärt / Konradin Ferrari d'Occhieppo. – Stuttgart : Franckh-Kosmos, 1991
   ISBN 3-440-06152-3

ISBN 3-440-06152-3
Lektorat: Hermann-Michael Hahn
Herstellung: Heiderose Stetter
Printed in Germany / Imprimé en Allemagne
Satz: G. Müller, Heilbronn
Druck und buchbinderische Verarbeitung:
PDC Paderborner Druck Centrum, Paderborn

Der Stern von Bethlehem

5

Vorwort

Die erste und ausführlichste Quelle unseres Wissens über den „Stern von Bethlehem" finden wir im zweiten Kapitel des Evangeliums nach Matthäus. Für die tiefere religiöse Bedeutung dieser Schriftstelle mag es gleichgültig sein, welche besondere Himmelserscheinung die „Weisen aus dem Morgenland" nach Bethlehem geführt hat und inwieweit der ganze Abschnitt überhaupt im buchstäblichen Sinn als historischer Bericht aufzufassen ist. Ich bin aber der Ansicht, daß es der Hochachtung vor der Bibel nicht abträglich sein kann, wenn man die Aussagen über den Stern als historisch interessierter Astronom genauer betrachtet und sie gleichsam aus der Perspektive des Weltbildes damaliger Sternkundiger zu verstehen sucht.

Um eine natürliche Erklärung des Sterns von Bethlehem haben sich Astronomen und astronomisch geschulte Theologen schon seit langem bemüht. Angesichts der Knappheit des biblischen Textes ist es nicht erstaunlich, daß im Laufe der Zeit mehrere einander widersprechende Lösungsvorschläge veröffentlicht worden sind. Meiner Ansicht nach wird aber nur ein einziger, in seinem astronomischen Kern schon seit 170 Jahren bewährter Ansatz dem biblischen Text und allen verfügbaren außerbiblischen Informationen gerecht. Diesen möglichst vollständig darzulegen und ihn mit entscheidenden neuen Argumenten vor allem aus der wiederentdeckten babylonischen Astronomie noch besser zu begründen, ist das Hauptziel des vorliegenden Buches. Zugleich ist dies wohl die beste Art, um andere, weniger gut fundierte Theorien zu widerlegen.

Nur zu der in letzter Zeit lebhaft diskutierten Theorie von Ernest L. Martin (The Birth of Christ Recalculated, in „Foundation for Biblical Research", Pasadena, California, 2nd edition 1980) möchte ich als Einführung in den ganzen Problemkreis kurz Stellung nehmen.

Der eigentliche Kern von Martins Erklärungsversuch ist die

7

außergewöhnlich enge Begegnung der Planeten Venus und Jupiter im Sternbild Löwe am Abend des 17. Juni 2 v. Chr.. Kurz vor dem Untergang der beiden betrug ihr scheinbarer Abstand zueinander nur noch drei Bogenminuten (nach den Planetentafeln von B. Tukkerman). Auch schon zehn Monate vorher, am 12. August 3 v. Chr. morgens, waren die beiden Planeten einander ungewöhnlich nahe gekommen. Unter den übrigen Himmelsereignissen dieser Jahre hebt Martin besonders hervor, daß Jupiter zwischen den zwei Begegnungen mit Venus im Hin- und Hergehen dreimal an Regulus, dem Königsstern im Löwen, vorbeizog. Letzterer Vorgang wiederholt sich, wie bereits den Babyloniern bekannt war, ziemlich regelmäßig abwechselnd in Zeitabständen von 12 und 71 Jahren.

Gegen die Annahme, daß jene enge Begegnung der zwei hellsten Planeten zusammen mit gewissen Begleitereignissen am Himmel von babylonischen Sterndeutern als Zeichen für die Geburt eines gottgesandten Heilskönigs aus dem Volk der Juden hätte betrachtet werden können, sprechen mehrere Gründe. Nach einer Ansicht, die bis in die Zeit der Beeinflussung und zugleich Bedrohung Israels durch Assyrer und Babylonier zurückreicht und von Propheten wie Amos vergeblich bekämpft wurde, galt Saturn, nicht Venus, als kosmischer Repräsentant der Juden. Ferner wurden Teile des Fischbildes, nicht der Löwe, astralgeographisch mit Palästina in Verbindung gebracht.

Daher knüpften noch im Mittelalter jüdische Astrologen messianische Hoffnungen an Konjunktionen Jupiters mit Saturn in den Fischen. Dagegen ist die von Martin angenommene Zuordnung der Tierkreiszeichen zu den zwölf Stämmen Israels und speziell des Löwen zum Stamm Juda und dem Land Judäa das Ergebnis einer neuzeitlichen astrologischen Auslegung gewisser Bibelstellen (Genesis 49 u. a.). In der babylonischen Sterndeutung wurde der Stern Regulus stets auf den Herrscher des eigenen Landes, damals also auf den Partherkönig bezogen.

Ferner ist zu bedenken, daß Venus den Jupiter fast alljährlich einmal überrundet, während letzterer dem Saturn nur in zwanzigjährigen Intervallen begegnet. Noch viel seltener wiederholen sich Jupiter-Saturn-Konjunktionen im gleichen Sternbild und unter

8

ähnlichen Begleitumständen. Dagegen braucht man nur 24 Jahre zurückzugehen, um wieder zwei Venus-Jupiter-Konjunktionen zu finden, die den zuvor besprochenen ähnlich waren: eine am 7. August 27 v. Chr. im Krebs, die andere am 8. Juni 26 v. Chr. nahe bei Regulus. Die erstgenannte war durch die sehr kleine Breitendifferenz von 3,6 Minuten zwischen den beteiligten Planeten ausgezeichnet. In der Zwischenzeit, am 23. November 27 v. Chr., umringten Jupiter, Saturn, Mars und der Mond in höchst eindrucksvoller Weise den Regulus (vgl. Seite 129).

Modern berechnet waren freilich die einander entsprechenden Venus-Jupiter-Konjunktionen trotz nahe gleicher Monatsdaten nach 24 Jahren merklich verschieden. Aber in den langzeitigen Vorausberechnungen der Babylonier blieb die Breite (Abstand von der Mittellinie des Tierkreises) gänzlich unberücksichtigt. Dadurch entfiel die Möglichkeit, den Mindestabstand zweier Planeten bei einer erwarteten Konjunktion im voraus abzuschätzen und in die vorausschauende Sterndeutung einzubeziehen.

Erst am 17. Juni 2 v. Chr. abends konnten die Magier staunend sehen, wie Venus immer näher an Jupiter heranrückte. Fast rascher, als sie in hastiger Beratung darüber schlüssig werden konnten, was das seltene Himmelszeichen für den König ihres Landes bedeuten möchte, war dieses verschwunden.

Endlich kommen Himmelserscheinungen im Jahre 2 v. Chr. als „Stern von Bethlehem" deshalb nicht in Betracht, weil Herodes der Große schon im Frühjahr 4 v. Chr. gestorben ist. Diese seit langem historisch gesicherte Tatsache ist kürzlich von Harold W. Hochner erneut nachgewiesen worden in ausdrücklicher Entgegnung auf den Versuch Martins, diese Schwierigkeit wegzudiskutieren. (Vgl. die Beiträge beider Autoren in „Chronos, Kairos, Christos", Nativity and Chronological Studies presented to Jack Finegan; Editors: J. Vardaman & E. M. Yamauchi; Publisher: Eisenbrauns, Winona Lake, USA, 1989.)

Mancher Leser wird es befremdlich finden, daß hier astrologische Einwände einem sofort einleuchtenden historischen Beweismittel vorangestellt worden sind. Man muß aber bedenken, daß jene Magier keine primitiven Naturmenschen waren, die durch eine plötzlich ihr Staunen erregende Himmelserscheinung aufge-

9

schreckt nach Judäa geeilt wären, um dort einen neugeborenen Heilskönig zu suchen. Nein, sie waren vielseitig gebildete, ernste Wahrheitssucher, die in ihrem universalen Denken ganz bestimmte Entsprechungen zwischen „göttlichen" Zeichen am Himmel und dem Geschehen auf Erden erkannt zu haben glaubten.

In diesem Sinn habe ich schon vor Jahren in wissenschaftlichen Abhandlungen und in einem längst vergriffenen populären Buch (Der Stern der Weisen, Wien 1969, ^{2}1977) das gleiche Thema behandelt. Auch das vorliegende Werk wendet sich an einen breiten Leserkreis. Im I. Teil wird die in sich zusammenhängende Beweiskette entwickelt; der II. Teil geht genauer, aber ebenfalls leicht verständlich, auf Einzelfragen ein.

Dank zu sagen für ermutigende Mithilfe am Zustandekommen dieses Buches ist mir eine angenehme und ehrenvolle Pflicht. An erster Stelle nenne ich Dozent Dr. theol. Rainer Riesner in Tübingen, der mir eine Menge Literatur, besonders über den historischen Hintergrund, zugänglich gemacht und mich öfters fernmündlich beraten hat. Wertvolle Anregungen und Hilfe in technischen Problemen verdanke ich Dr. H.-U. Keller, Direktor des Planetariums in Stuttgart. Ferner sage ich herzlichen Dank für mancherlei Hilfe Prof. Dr. H. Haupt, Vorstand des Astronomischen Universitätsinstituts Graz, Prof. H. Mucke, Leiter der Urania-Sternwarte und des Planetariums in Wien, sowie Dr. Franz Stuhlhofer, Historiker in Wien. Für das großzügig gewährte Gastrecht am Astronomischen Institut der Universität Innsbruck bin ich Prof. Dr. J. Pfleiderer und seinem Team sehr dankbar. Rühmenswerten Eifer bewiesen einige Studenten, allen voran Werner Benger und ihm zunächst Stephan Gmoser in Innsbruck sowie die Brüder Johannes und Stephan Ojak in Wien.

Die Reinschrift des Manuskripts besorgte freundlicherweise Frau E. Reheis. Endlich danke ich den an der Herstellung des Buches beteiligten Damen und Herren des Franckh-Kosmos-Verlags, vor allem Dipl.-Phys. H.-M. Hahn, A. Meffert und Frau H. Stetter.

Innsbruck, im Februar 1991   *K. Ferrari d'Occhieppo*

Einleitung

*Als Jesus geboren worden war in Bethlehem in Judäa in
den Tagen des Königs Herodes, sieh, da gelangten Magier
von den Aufgängen (von Osten) nach Jerusalem.
Sie fragten: Wo ist der neugeborene König der Juden?
Wir haben nämlich seinen Stern in dem Aufgang gesehen
und sind gekommen, um ihm (unterwürfig) zu huldigen.*

Mit diesen Sätzen, die hier möglichst wörtlich übersetzt nach dem
griechischen Urtext wiedergegeben sind, beginnt das zweite Kapitel des Evangeliums nach Matthäus (vgl. S. 137).

Schon in der Frühzeit des Christentums hat man sich Gedanken
darüber gemacht, welcher Art dieser Stern gewesen sein könnte.
Die altchristlichen Schriftsteller, deren Werke erhalten geblieben
sind, stimmen meist darin überein, daß nur ein von Gott eigens
geschaffener Stern von außergewöhnlicher Größe und Helligkeit
die Magier zu ihrer erstaunlichen Huldigungsfahrt zu bewegen
vermochte.

Beispielsweise beschreibt Ignatius von Antiochien (Martertod
unter Kaiser Trajan vor 117) in seinem Brief an die Christen in
Ephesus den Stern geradezu als eine Übersonne. Seine unbeschreibliche Helligkeit soll alle anderen Gestirne überstrahlt
haben, die ihn samt Sonne und Mond gleichsam im Chor umringten.

Mit wissenschaftlicher Gründlichkeit äußert sich Origenes (etwa 185–253), der Vorsteher der christlichen Theologenschule in
Alexandria, in seiner Streitschrift gegen den griechischen Philosophen Kelsos. Der Stern von Bethlehem sei weder ein Fixstern noch
ein Planet aus den unteren Sphären gewesen, sondern einer jener
neuen Sterne, „die von den Griechen Haarsterne (Kometen) oder
Balken, Bartsterne oder Fässer genannt werden". Diese Aussage
kennzeichnet er übrigens ganz klar als seine eigene Meinung. Sie
stützt sich gewiß nicht etwa auf eine ältere Überlieferung über die

11

Gestalt jenes Sterns. Vielmehr erklärt sie sich leicht daraus, daß Origenes selbst im April und Mai 218 den damals in Sonnennähe befindlichen Kometen Halley am Morgenhimmel hatte sehen können.

Mit Entschiedenheit weist der Gelehrte die Ansicht des Philosophen Kelsos zurück, daß jene Verehrer des Jesusknaben „Chaldäer" gewesen seien, und betont, daß es „Magier" waren. In diesem Punkt folgt er der Unterscheidung seines Lehrers Klemens von Alexandria (etwa 145–214). Beiden scheint es vor allem darum zu gehen, daß zu ihrer Zeit die Bezeichnung „Chaldäer" fast zu einem Schimpfwort geworden war, eingeengt auf die geldheischenden Wanderastrologen, während man die „Magier" als Hüter und Mehrer geheimen Wissens mit Hochachtung betrachtete. Die Abgrenzung dieser Begriffe war aber nicht einheitlich. Andere Schriftsteller des Altertums sahen die Chaldäer als eine besondere Gruppe innerhalb des umfassenderen Kreises der Magier an.

Bereits Origenes sah sich genötigt, einem Einwand gegen seinen Erklärungsversuch des Sterns von Bethlehem zu begegnen. Kometen galten damals allgemein als Unglücksboten, und im besonderen hatte man eine frühere Erscheinung des Kometen Halley im Jahre 66 gewissermaßen für den Ausbruch des „Jüdischen Krieges" verantwortlich gemacht, der mit der totalen Zerstörung Jerusalems endete. Erstaunlicherweise scheut sich der hoch angesehene christliche Gelehrte nicht, unter Berufung auf den stoischen Philosophen Chairemon zu erklären, daß Kometen zwar in den meisten Fällen Umsturz, Krieg, Erdbeben und anderes Unheil ankündigten, ausnahmsweise aber auch grundstürzende Wendungen zum Besseren. Deshalb, sagt er, dürfe man wohl annehmen, daß ein Komet die Geburt des Erlösers angezeigt hat.

Von der periodischen Wiederkehr des Kometen Halley, die mit der damaligen Vorstellung einer jedesmaligen Neuentstehung nicht vereinbar gewesen wäre, hatte im Altertum noch niemand eine Ahnung. Andernfalls hätte Origenes leicht ausrechnen können, daß der Komet, der ihn und seine Zeitgenossen gewiß tief beeindruckt hat, schon etliche Jahre vor der Geburt Jesu der Erde nahe gewesen war und sich bereits weit von ihr entfernt hatte, als

12

die Magier sich auf den Weg nach Bethlehem machten. Jene frühere Erscheinung des Kometen hatte sich nämlich im Jahre 12 vor Chr. ereignet, während Klemens von Alexandria die Geburt Christi auf den 6. Januar des Jahres 2 v. Chr. berechnet hatte.

Zudem erklärt Origenes ausdrücklich, daß noch niemals ein Komet vorhergesagt worden sei außer jenem, der zum Zeichen der Ankunft des Erlösers erschien. Bei der Vorhersage, auf die hier angespielt wird, handelt es sich aber gewiß nicht um eine astronomische Vorausberechnung. Vielmehr bezieht sich Origenes in diesem Zusammenhang auf den Spruch des Balaam, den er aus dem Vierten Moses-Buch (Numeri 24, 17) nach dem Wortlaut der damals in Ägypten verbreiteten griechischen Bibelübersetzung (Septuaginta genannt) folgendermaßen zitiert:

Ein Stern wird emporsteigen aus Jakob,
ein Mensch wird erstehen aus Israel.

Das war eine von zahlreichen Stellen aus dem Alten Testament, die schon von den vorchristlichen Schriftgelehrten als prophetische Hinweise auf den kommenden Messias (Erlöser) betrachtet worden waren.

Als weiteres Beispiel für die unterschiedlichen Ansichten über den Stern sei noch das Arabische Kindheitsevangelium erwähnt. Dessen uns unbekannter Verfasser glaubt das Problem gelöst zu haben, indem er sagt, ein Engel habe die Gestalt eines Sterns angenommen und die Magier aufgefordert, nach Judäa zu eilen. Auch diese schon völlig legendenhafte Erklärung ist später noch weiter ausgeschmückt worden.

Im Westen des Römerreiches, wo man mit dem Wort „Magier" nur ganz ungenaue Vorstellungen verband, scheint zuerst der Gedanke aufgetaucht zu sein, daß es Könige waren, die dem Jesusknaben ihre Huldigung darbrachten. Der strenge Gelehrte Tertullianus (160–225) kam zu dieser Ansicht, indem er einen Ausschnitt aus den in dichterisch gehobener Sprache geschilderten Visionen des Jesaja-Buches (60, 1–6) als eine Weissagung verstand, die sich im Kommen der Magier erfüllt haben sollte. Die beiden ersten Verse der genannten Stelle sprechen allerdings nicht direkt von

13

einem Stern, sondern von einem gewaltig aufstrahlenden Licht. Am Ende des Abschnitts sind Gold und Weihrauch genannt, zwei von jenen kostbaren Gaben, die nach dem Text des Evangeliums auch von den Magiern dargebracht wurden. Dazwischen ist die Rede von Völkern, die, von ihren Königen geführt, dem herrlichen Licht entgegeneilen.

Um zu verstehen, wie Tertullian auf den Gedanken kommen konnte, sich die Magier des Evangeliums als Könige vorzustellen, muß man sein zeitgeschichtliches Umfeld betrachten. Fast der ganze damals bekannte Erdkreis, nämlich die kultivierten Teile Europas, Nordafrikas und Vorderasiens, unterstanden dem Römischen Kaiser, dem seine heidnischen Untertanen sogar göttliche Verehrung zollten. Abgesehen von Roms gefährlichsten Rivalen, den Großkönigen der Parther, kannte man „Könige" nur als kleine Potentaten in halbselbständigen Randgebieten, die den Römern tributpflichtig waren. Man braucht nur noch „Gefolge" anstatt „Völker" zu sagen, um Tertullians Vorstellung durchaus begreiflich zu finden.

Hingegen verbanden die Legendendichter und, ihnen folgend, die bildenden Künstler vom Hochmittelalter an mit dem Wort „Könige" die Vorstellung machtvoller Herrscher mit ritterlichem Gefolge und ausgestattet mit märchenhafter Pracht. Erstaunlicherweise wurde der Stern das ganze Mittelalter hindurch zwar ziemlich groß, aber meist symmetrisch von Strahlen umgeben dargestellt. Erst spät findet man kometenartige Darstellungen und noch seltener diffus leuchtende, sonnenähnliche Bälle. Doch diese schier unerschöpflichen Themen müssen wir der Literatur- und Kunstgeschichte überlassen, um uns wieder dem Hauptthema dieses Buches zuzuwenden.

Josephsbericht und Magierbericht

Viele Leser werden sich erinnern, die als Einleitung zitierte Stelle aus dem Evangelium nach Matthäus schon in anderem Wortlaut gelesen oder gehört zu haben. Auch angesichts der großen Auffassungsunterschiede über den Stern seit altchristlicher Zeit bis heute drängt sich die Frage auf, ob etwa schon der griechische Text, auf den wir uns stützen, in verschiedenen Fassungen überliefert ist.

Diese Befürchtung ist im vorliegenden Fall glücklicherweise unbegründet. Zum Unterschied von vielen anderen Werken der Literatur des griechischen und römischen Altertums, von denen oft nur eine einzige alte Handschrift vorhanden ist, sind die Evangelien von allem Anfang an sehr oft abgeschrieben worden. Denn jede Christengemeinde brauchte diese Bücher zur Glaubensverkündigung.

Jene Form des Altgriechischen, in der alle Bücher des Neuen Testaments verfaßt sind, war eine Art internationale Verkehrssprache, die namentlich in den Randländern des Mittelmeeres verstanden wurde. Aber schon im zweiten Jahrhundert nach Christus sind danach Übersetzungen ins Altsyrische, ins Koptische (Ägypten) und ins Lateinische hergestellt worden. Da die alten Übersetzer heilig gehaltener Schriften meist um größte Worttreue sogar auf Kosten der Regeln ihrer eigenen Sprache bedacht waren, können in Zweifelsfällen neben den zahlreichen griechischen Handschriften auch die ältesten Übersetzungen zur Sicherung des ursprünglichen Wortlauts herangezogen werden.

Der Wortlaut des „Magierberichts", wie wir der Kürze halber den Bibelabschnitt nennen wollen, der uns hier besonders beschäftigt, ist also im griechischen Urtext durch viele untereinander zusammenstimmende alte Handschriften einwandfrei gesichert. Vor allem wird die Bedeutung der Aussagen über den Stern durch keine Lesartvarianten in Frage gestellt.

Die vorerwähnten Verschiedenheiten der deutschen Textgestalt sind also erst beim Übersetzen entstanden. Jedoch wäre es ungerecht, darin ungewollte oder gar absichtliche Verfälschungen sehen zu wollen. Unveränderlich ist ja nur die griechische Vorlage. Das Deutsche ändert sich wie jede lebende Sprache im Laufe der Zeit. Manche Wörter und Redewendungen veralten, andere treten an deren Stelle. Außerdem steht jeder gewissenhafte Übersetzer in einem gewissen Zwiespalt. Die Übertragung soll gut verständlich und flüssig lesbar sein, zugleich aber noch etwas von der Eigenart der Vorlage durchklingen lassen.

Ob die eine oder andere Absicht überwiegt, hat auf den Inhalt erzählender Stücke häufig keinen wesentlichen Einfluß, trotz stark verschiedener Wortwahl. Ein Beispiel dafür mag hier genügen: Die streng wortgetreue Übersetzung „Magier von den Aufgängen" wurde in vielen älteren Bibelübersetzungen in der fantasieanregenden Wendung „Weise aus dem Morgenland" wiedergegeben. Die neue deutsche Einheitsübersetzung lautet kühl, aber sachlich treffend: „Sterndeuter aus dem Osten".

Abb. 1. Eine Berechnungstafel der Jupitererscheinungen von SE 180 bis 251 = 132 bis 61 v. Chr. aus Babylon. Hauptteil BM 34570 im British Museum, Fragmente VAT 1753/55 in Berlin. Zusammengesetztes Foto der Rückseite. Leicht erkennbar sind im oberen Teil oft wiederholt drei schmale Keilzeichen der ersten Stelle der sexagesimal geschriebenen Jahreszahlen, denen wechselnde Zehner und Einer, Monatssymbole und Tithi sowie die Längenberechnung jeder Phase folgen. Das Rechenverfahren ist hier anders als auf Seite 121 ff. beschrieben.

Abb. 2a, b, c; 3a, b. Fragmente von vier Tontafelkalendern für SE 305 = 7/6 v. Chr.: BM 34659, VAT 290 + 1836, BM 34614; BM 35429 (Vorderseite Foto und Abschrift). Die 17 Zeilen von Abb. 3 enthalten in Ziffern und Kürzeln alles, was für die Monate I bis VIII in der Tabelle 2 (Seite 142) enthalten ist, sowie Mondphasen, Mondfinsternisse und Merkurerscheinungen.

Abb. 2d. Münzbildnis des Königs Gadaphara von Baktrien mit griechischer Umschrift: BASILEOS GONDOPHAR(ou) MEGAL(ou) = (Münze des) Groß-Königs Gondophar. Vor dem Pferdekopf ein Planetensymbol, ähnlich dem uns geläufigen Merkurzeichen.

Abb. 1

a

d

b

c

Abb. 2

a

b

Abb. 3

19

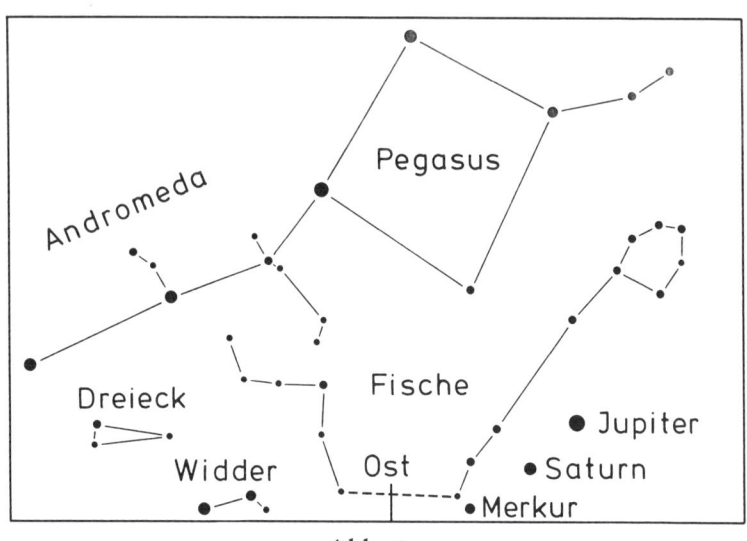

Abb. 4a

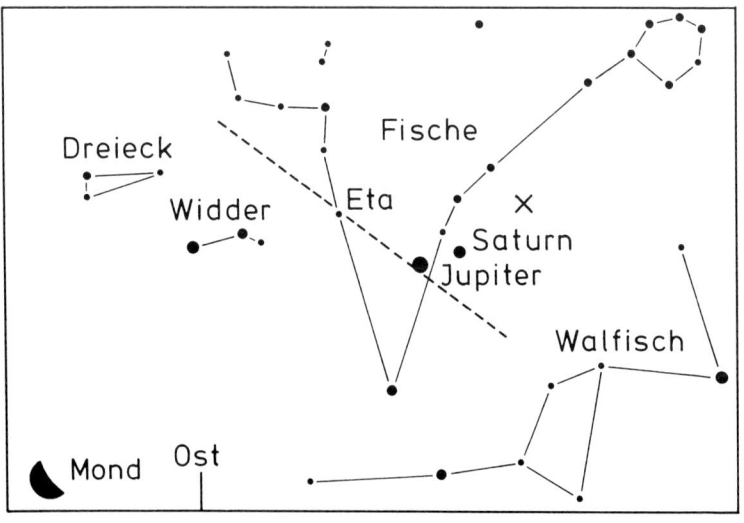

Abb. 4b

Das Stichwort „Sterndeuter" rechtfertigt unsere Frage nach der Art des hier gemeinten Sterns. Die Feststellung, daß die Aussagen über diesen im Urtext eindeutig überliefert sind, eröffnet auch die Aussicht auf eine Lösungsmöglichkeit des Problems. Dennoch steht dem der Einwand entgegen, daß der Evangelist selbst den Stern ja nicht gesehen hat. Er war auch kein Astronom, der nachträglich hätte ausrechnen können, was um die Zeit der Geburt Jesu Besonderes am Himmel zu sehen war. Der Evangelist war – im besten Sinn des Wortes – ein christlicher Schriftgelehrter, der die ihm zur Verfügung stehenden Nachrichten unter dem Blickwinkel der Erfüllung alter Weissagungen betrachtete. Können wir von ihm erwarten, daß trotzdem seine Aussagen über den Stern zusammengenommen diesen eindeutig kennzeichnen? Stand ihm irgendwie ein genaueres Wissen darüber zur Verfügung als einem Ignatius von Antiochien, der kaum zwei Generationen später völlig fantastische Vorstellungen äußerte?

Um aus der Sackgasse, in die wir geraten sind, herauszufinden, müssen wir einen Umweg einschlagen. Wir betrachten kurz den literarischen Aufbau der ersten zwei Kapitel des Evangeliums nach Matthäus. Auch ohne große Gelehrsamkeit kann man darin die Herkunft der einzelnen Abschnitte aus verschiedenen Quellen deutlich erkennen.

Am Anfang (Kap. 1, 1–17) steht der Stammbaum Jesu von Abraham über König David bis zum Nährvater Joseph. Der Gliederung dieser nicht lückenlosen Stammreihe in dreimal 14 Generationen liegt eine gewisse symbolische Absicht zugrunde, die im gegenwärtigen Zusammenhang nicht wesentlich ist. Man kann

Abb. 4a. Osthimmel am 4. April 7 v. Chr. kurz nach Frühaufgang Saturns, der zwischen dem viel helleren Jupiter und dem horizontnahen Merkur steht. Die zur Orientierung eingezeichneten Sternbilder waren in Wirklichkeit um diese Stunde wegen der hellen Morgendämmerung kaum mehr sichtbar.

Abb. 4b. Um Mitternacht 19./20. Juli 7 v. Chr. beim östlichen Stillstand Jupiters an der Grenzlinie des Fischezeichens gemäß babylonischer Definition. Rechts daneben Saturn. x = Ort des rund vier Monate späteren westlichen Stillstands von Jupiter und Saturn. Am Osthorizont der aufgehende Mond.

aber leicht feststellen, daß insgesamt 30 der hier genannten Namen in gleicher Aufeinanderfolge aus den alttestamentlichen Büchern Genesis, Rut und Chronik entnommen sind. ·

Nur die Quelle für neun Namen zwischen Serubbabel, dem Anführer einer größeren Gruppe von Rückwanderern aus der Babylonischen Gefangenschaft, und Joseph ist verschollen. Aus dem alttestamentlichen Buch Esra (Kap. 2 sowie 7 und 8) wissen wir aber, daß die Heimkehrer aus Babylon großen Wert auf den Nachweis ihrer Abstammung von einem der Söhne des Patriarchen Jakob legten, während jene, die ihre „Dokumente" verloren hatten, in gewissem Sinn diskriminiert waren. Man kann daraus schließen, daß die Nachfahren des Davidischen Königshauses, zu denen Serubbabel gehörte, trotz der völlig veränderten politischen Verhältnisse ihre Geschlechtsregister weitergeführt haben. Diese mögen dem Evangelisten noch irgendwie zugänglich gewesen sein.

An den Stammbaum anschließend (Kap. 1, 18–25) wird in schlichten Sätzen mitgeteilt, wie Joseph Kenntnis von der wunderbaren jungfräulichen Empfängnis Jesu erhält und einem im Traum vernommenen göttlichen Befehl gehorsam folgend die Pflichten eines gesetzlichen Familienvaters übernimmt. Ein kurzer Satz über die Namensgebung des von Maria geborenen Sohnes beendet diesen Abschnitt. Kennzeichnend für dessen chronikartige Knappheit ist es, daß sogar die Geburt Jesu nur in einem Nebensatz mitgeteilt wird. Vom Evangelisten eingeflochten ist ein Zitat aus dem Propheten Jesaja, das sich hier erfüllt hat. Der zweite Teil des ersten Kapitels enthält also nur Dinge, die Joseph wach oder im Traum erlebt und erfahren hat.

In auffallendem Gegensatz dazu steht die Ausführlichkeit des Berichts (Kap. 2, 1–12) über das Auftreten der Magier und die Aufregung, die ihre Anwesenheit in Jerusalem auslöst, sowie das Bemühen des Königs Herodes, möglichst rasch und unauffällig Klarheit zu gewinnen. Auf dem Weg von Jerusalem nach Bethlehem erblicken die Magier wieder den Stern, der ihr nahes Reiseziel anzeigt. Bald nach der Huldigung vor dem Jesusknaben entweichen sie heimlich unter Umgehung der Hauptstadt, um in ihre Heimat zurückzukehren.

In diesem Abschnitt, dessen erste Sätze bereits als Einleitung zitiert worden sind, wird der Name Josephs nicht einmal genannt. Fast hat es den Anschein, als hätte die Heilige Familie die überraschende Huldigung der Magier in stummem Staunen einfach über sich ergehen lassen. Hingegen ist das meiste in diesem Abschnitt Berichtete unmittelbares Erlebnis der Magier. Bei der Beratung des Herodes mit den Schriftgelehrten waren sie zwar nicht zugegen, aber über den Inhalt der Weissagung über den Geburtsort des Messias mußten sie als Begründung für den Auftrag, nach Bethlehem zu gehen, jedenfalls unterrichtet worden sein. Nur der (fast) genaue Wortlaut der Prophetenstelle (Micha 5, 1) ist wieder Zutat des Evangelisten.

Vor allem sind aber die Aussagen über den Stern eigenes Wissen der Magier. Nur sie wußten dem Herodes zu berichten, wann dieser erschienen war; was für einen Sinn hätte andernfalls die Heimlichkeit ihrer Befragung haben können? Nur sie hatten bisher dessen „Aufgang" Beachtung geschenkt. Endlich waren sie ja allein auf dem Weg nach Bethlehem, als das Stehenbleiben des Sterns ihnen diesen Ort als das Ziel ihrer Reise zu bezeichnen schien. Bemerkenswerterweise enthält dieser Abschnitt nur ein alttestamentliches Zitat, weil es für den Fortgang der Handlung wesentlich ist, jenes aus dem Propheten Micha. Weder der Balaam-Spruch noch die Jesaja-Vision, welche Origenes und Tertullian hier erfüllt zu sehen glaubten, klingen an.

Die andere Hälfte des zweiten Kapitels enthält größtenteils wieder eigene Erlebnisse Josephs und seiner kleinen Familie (Kap. 2, 13–15; 19–23). Auch die Erzählweise gleicht völlig dem Abschnitt vor dem Auftreten der Magier. Die Flucht nach Ägypten und die Rückkehr von dort nach Nazareth in Galiläa erfolgen im Vollzug göttlicher Anordnungen, die Joseph in Träumen erhalten hat.

Dazwischen (Kap. 2, 16–18) hat der Evangelist den Kindermord in Bethlehem an der Stelle eingeschoben, wo er dem zeitlichen Ablauf der Ereignisse nach hingehört. Man braucht dafür nicht unbedingt eine verlorengegangene schriftliche Geschichtsquelle anzunehmen. Die Erinnerung an die sinnlose Bluttat kann ebensogut auch in der mündlichen Überlieferung lebendig geblieben sein. Gerade eine solche neigte auch zu einer drastischen Übertreibung

23

der Zahl der Opfer, die der Evangelist in Form eines Zitats aus dem Propheten Jeremia beklagt.

Diese Inhaltsübersicht über die ersten zwei Kapitel des Evangeliums nach Matthäus erhöht meines Erachtens ganz unabhängig von der nur für Gläubige maßgebenden Autorität der Bibel auch die rein menschliche Vertrauenswürdigkeit der Berichterstattung. Zwar nennt der Evangelist nicht wie ein moderner Geschichtsschreiber ausdrücklich seine Quellen, aber er läßt jede in ihrer stilistischen Eigenart bestehen: Bücher des Alten Testaments für den größeren Teil der Stammreihe und für die Prophetenzitate, daneben eine sehr schlichte Chronik, die er aus dem Verwandtenkreis Josephs erhalten haben kann. Zwischen deren beide Teile eingefügt ist der vergleichsweise sehr ausführliche Bericht über den Stern und die Magier, der seinem gesamten Inhalt nach eigentlich nur von diesen selbst herrühren kann. Gegen diese meine Vermutung spricht nicht die im Altertum häufige Erzählform in der dritten Person seitens des Berichterstatters.

Trotz seiner Besonderheit erweist sich der Magierbericht durchaus nicht als willkürlicher Einschub, durch den der Handlungszusammenhang zerrissen würde. Vielmehr verlangt dieser geradezu die Annahme, daß die zwei Teile des Josephs-Berichts (wie man ihn kurz nennen könnte) ursprünglich durch ein paar Sätze verbunden waren, die sich auf den Magierbesuch und den Stern bezogen. Wir werden später (Seite 82) einen altüberlieferten Text kennenlernen, der eine gewisse Vorstellung davon vermitteln kann, wie das einst vorhandene Bindeglied zwischen den Teilen des Josephs-Berichts etwa ausgesehen haben mag.

Eine Anmerkung zur Übersetzung der Bibelzitate möge dieses Kapitel beschließen: Als ich zum gleichen Thema 1968 mein nun vergriffenes Buch „Der Stern der Weisen" schrieb, waren auf evangelischer Seite die modernisierte Luther-Bibel, auf katholischer Seite sogar mehrere bischöflich approbierte Bibelübersetzungen verbreitet. Um Einseitigkeit zu vermeiden, habe ich damals eine eigene, auch außerhalb der astronomisch wichtigen Stellen möglichst wörtliche Übersetzung vorgelegt.

Mittlerweile hat 1977/78 die „Einheitsübersetzung der Heiligen

Schrift" die formelle Anerkennung der katholischen und evangelischen Kirchen des ganzen deutschen Sprachgebiets gefunden. Im Hinblick darauf, daß die nunmehr heranwachsenden Generationen die Bibel bald nur in der Einheitsübersetzung kennenlernen werden, habe ich mich im vorliegenden Buch weitgehend an diese angelehnt.

Sternkunde der Magier

Das für das Thema dieses Buches wichtigste Ergebnis des vorigen Kapitels war die Einsicht, daß die Kindheitsgeschichte Jesu nach Matthäus keine frei gestaltete Nacherzählung mündlicher Überlieferungen ist, sondern daß der Evangelist Stücke aus mehreren bereits schriftlich vorliegenden Quellen in gehöriger zeitlicher Reihenfolge aneinandergefügt hat. Im folgenden gehen wir daher von der Annahme aus, daß der kurz als „Magier-Bericht" gekennzeichnete Abschnitt vielleicht ursprünglich in einer anderen Sprache, aber mit wesentlich gleichem Inhalt von einem der beteiligten Magier verfaßt worden ist. Ob diese Voraussetzung richtig oder falsch ist oder ob die Frage unentschieden bleiben muß, wird sich in der weiteren Untersuchung zeigen.

Der Evangelist nennt weder Anzahl noch Namen der Magier. Höchstwahrscheinlich enthielt der ihm vorliegende Bericht keine Aufzählung aller Beteiligten, und selbst der Name des Berichterstatters brauchte daraus nicht ersichtlich gewesen zu sein. Aber es heißt, daß die Magier „von den Aufgängen", also ungefähr von Osten herkamen, und man sieht, daß sie Sterndeuter waren, weshalb in der neuen deutschen Einheitsübersetzung der Bibel das Wort „Magier" sinngemäß richtig durch „Sterndeuter" ersetzt worden ist. Nicht nur der heidnische Philosoph Kelsos bezeichnete sie verächtlich als „Chaldäer". Auch in neuerer Zeit ist manchmal die Vermutung ausgesprochen worden, es könnte eine kleine Gruppe von Wanderastrologen gewesen sein.

Der entscheidende Einwand gegen diese Auffassung ist ihre offensichtliche Unkenntnis der örtlichen Verhältnisse:

Auf Gelderwerb angewiesene, im Land umherziehende Sterndeuter hätten selbstverständlich gewußt, daß der herrschende König Herodes in der Mitte der Sechziger stand und daher keinen eigenen Sohn mehr zu erwarten hatte. Ebenso bekannt war sein schon fast krankhafter Argwohn gegen jeden, der irgendwie als Rivale in Verdacht geriet: Schonungslos wütete Herodes bekanntlich auch in seiner eigenen Verwandtschaft. Ganz offensichtlich ahnten die Magier, von denen hier die Rede ist, anfangs nicht im geringsten die tödliche Gefahr, die sie durch ihre Offenherzigkeit über den von ihnen gesuchten jungen König heraufbeschworen.

Man muß also annehmen, daß sie von weit her erst vor kurzer Zeit ins Land gekommen waren. Das nach heutiger Kenntnis einzige bedeutende Zentrum wissenschaftlicher Sternkunde in östlicher Richtung von Palästina aus befand sich damals noch in Babylon. Freilich hatte diese einstige Weltstadt um Christi Geburt herum schon längst ihren Glanz verloren. Manche ihrer alten Tempel und Päläste lagen bereits in Trümmern. Die Beherrscher des Landes, seit etwa 145 v. Chr. die aus dem Hochland von Iran vorgestoßenen Parther, hatten in Ktesiphon am Tigris eine neue Residenzstadt gegründet.

Aber trotz des unaufhaltsamen Niederganges der Stadt Babylon harrte noch eine kleine, allmählich aussterbende Gruppe von Sternkundigen dort aus, wahrscheinlich am Heiligtum des Gottes Marduk. Ob sie noch Kulthandlungen vollzogen und Opfer darbrachten, weiß man nicht. Aber die von ihren leiblichen oder geistigen Vorfahren zu hoher Blüte gebrachte rechnende Astronomie pflegten sie noch bis über die Mitte des ersten nachchristlichen Jahrhunderts hinaus. Dicht mit Keilschriftzeichen beschriebene Tontafeln mit astronomischen Berechnungen oder deren Ergebnissen, genau datiert und selbst bei stark beschädigten Stücken aufgrund der darin enthaltenen Angaben wieder datierbar, sind dafür untrügliche Beweise.

Eine unentbehrliche Grundlage für astronomische Berechnungen ist ein genau geregelter Kalender. Als Grundeinheit ihrer Zeitrechnung verwendeten die Babylonier die mittlere Dauer eines natürlichen Monats. Mit dem Abend, an dem kurz nach Sonnenuntergang die erste schmale Sichel des zunehmenden Mondes, das sogenannte Neulicht, sichtbar wurde, ließ man den ersten Tag des neuen Monats beginnen. Der Datumswechsel fand also einige Stunden vor Mitternacht statt. Die einzelnen Monate hatten in ziemlich regelmäßigem Wechsel bald 29, bald 30 Tage. Die 30tägigen Monate waren ein wenig in der Überzahl (vgl. Tabelle 4, Seite 144).

27

Weil aber zwölf natürliche Monate nur rund 354 Tage enthalten, mußte man in einem gleichfalls genau festgelegten Rhythmus innerhalb von je 19 Jahren sieben Schaltmonate einlegen, die bei den Babyloniern der letzten Jahrhunderte vor Christus sechsmal durch einen zweiten Adar am Ende des mit dem Frühlingsmonat Nisan beginnenden Kalenderjahres, einmal aber in dessen Mitte durch Verdoppelung des Ululu eingebracht wurden. Durch die strikte Einhaltung der Gleichung.

235 Monate $=$ 19 Jahre

ist auch die durchschnittliche Länge eines Kalenderjahres genau festgelegt: Sie betrug 365,2468 Tage, war also besser als das Julianische Jahr mit seinen 365,25 Tagen, aber weniger gut als das erst 1582 eingeführte Gregorianische Jahr mit durchschnittlich 365,2425 Tagen; der Fehler summierte sich daher in den rund fünf Jahrhunderten, in denen diese Kalenderform von den Babyloniern gebraucht wurde, nur auf etwa zwei Tage auf. Neben den großen Sprüngen, die der jeweilige Jahresanfang infolge der Schaltmonate machte, fiel dieser geringe Betrag natürlich überhaupt nicht ins Gewicht.

Die erstaunlichste Leistung, die den babylonischen Astronomen trotz ihrer Unkenntnis des gewaltigen Entfernungsunterschiedes zwischen Sonne und Mond gelang, war ihre Vorausberechnung der Verfinsterungen der beiden großen Himmelsleuchten. Mit ziemlicher Sicherheit konnten sie nicht nur das Datum, sondern auch die Tages- oder Nachtzeit ungefähr richtig vorhersagen, wann eine Finsternis zu erwarten stand. Dabei registrierten sie – rein theoretisch natürlich – auch Sonnenfinsternisse, die für ihre Gegenden bei Nacht, und Mondfinsternisse, die bei Tag eintraten, als „vorbeigehend" in ihren vorausberechneten Kalendern. Bei den Mondfinsternissen trafen sie meist auch recht gut das zu erwartende Ausmaß, ob partiell oder total, während die von Ort zu Ort bekanntlich erheblich verschiedenen Umstände der Sonnenfinsternisse weit weniger gut getroffen wurden. Für uns sind die Eintragungen berechneter Finsternisse in den Kalendern ein wertvolles Hilfsmittel, um deren Daten mit völliger Sicherheit taggenau in den Julianischen Kalender zu übertragen.

Der Fixsternhimmel, soweit er in Mesopotamien beobachtet werden konnte, war schon in alter Zeit in eine nördliche, eine mittlere und eine südliche Zone eingeteilt und die markanten Sterngruppierungen in Sternbilder zusammengefaßt worden. Zum Teil haben sich diese, mit kleinen Änderungen in der gegenseitigen Abgrenzung und meist unter anderen Namen, bis heute erhalten. Ein Beispiel für die Verschiedenheit der Grenzen eines Sternbilds und des gleichnamigen Tierkreiszeichens ist auf unserer Abbildung 4b (Seite 20) zu sehen. Der dort mit „Eta" bezeichnete Stern bildet mit mehreren anderen das Band, das die beiden Fische des so benannten Sternbildes miteinander verbindet. In der spätbabylonischen Astronomie markierte jedoch derselbe Stern den ersten Grad des Zeichens „Widder". Die in der Abbildung dicht an ihm vorbeilaufende Linie ist so eingetragen, daß Jupiter in Übereinstimmung mit der Angabe in dem babylonischen Kalendertäfelchen beim damaligen östlichen Stillstand noch im Tierkreiszeichen Fische verblieb. (Mit den von unserem Gebrauch oft abweichenden babylonischen Sternbildernamen wollen wir uns hier nicht befassen.)

Als Tierkreis (griechisch: Zodiakos) bezeichnet man den breiten Weg, auf dem der Mond und die Planeten ihre Bahnen ziehen. Die Sonne selbst, deren Sternhintergrund man ja nur während der kurzen Minuten totaler Sonnenfinsternisse sehen kann, bleibt praktisch genau auf der Mittellinie dieses Weges, die man Ekliptik nennt. Für die Zwecke ihrer astronomischen Berechnungen haben schon die Babylonier diesen Planetenweg in zwölf genau 30 Grad lange Abschnitte eingeteilt, und zwar ohne Rücksicht auf die erheblichen Unterschiede in der Ausdehnung jener Sternbilder, nach denen die einzelnen Abschnitte, die „Tierkreiszeichen", benannt wurden. Als eindrucksvolle Beispiele zeigt Abbildung 4b (Seite 20) links das kompakte Sternbild Widder, rechts daneben das große und unregelmäßig begrenzte Sternbild Fische.

Jeden Grad in der „Länge" dieses Weges dachte man sich in Bogenminuten und Bogensekunden (1/60 bzw. 1/3600 Grad) unterteilt. Obwohl mit freiem Auge und den primitiven Meßinstrumenten des Altertums nur grobe Bruchteile eines Grades

29

geschätzt werden konnten, haben die babylonischen Astronomen der Spätzeit in ihren Berechnungen Minuten, Sekunden und manchmal sogar noch Sekundenbruchteile mitgeführt. Nur bei oberflächlicher Betrachtung scheint das ein sinnloser Genauigkeitsaufwand zu sein: Tatsächlich haben sie dadurch jede Anhäufung von Rundungsfehlern völlig vermieden, die sich sonst bei den oft über viele Jahrzehnte in die Zukunft geführten Vorausberechnungen ergeben hätten.

In weitgehender Analogie zur Gradeinteilung des Tierkreises wurde als theoretische Zeiteinheit ein idealer Mittelwert der Dauer eines natürlichen Monats verwendet; dieser wurde zunächst in genau 30 kürzere Zeitabschnitte geteilt, deren ursprüngliche Benennung in den Keilschrifttafeln niemals ausgeschrieben vorkommt. Moderne Forscher haben dafür den Ausdruck „Tithi" gewählt, unter dem die gleiche Einheit in die altindische Astronomie Eingang gefunden hat. Ein Tithi wurde dann weiter in 60stel und 3600stel Bruchteile zerlegt. Da aber ein Tithi nur wenig kürzer ist als ein Tag zu 24 Stunden, darf man die eben genannten Bruchteile nicht etwa mit den Minuten und Sekunden unserer Uhren verwechseln.

Jede Berechnung zukünftiger Himmelserscheinungen erfordert natürlich eine hinlängliche Menge vorausgegangener und genau aufgeschriebener Beobachtungen. Für die Zeitangaben war durch den genau geordneten Kalender und, soweit bei den Mondbeobachtungen auch die Nachtstunde benötigt wurde, durch Wasser- oder Sanduhren vorgesorgt. Während im Verlauf der Rechnungen, wie bereits erwähnt, mit Idealmonaten und Tithi operiert wurde, pflegte man bei den Eingabedaten und bei den Endresultaten die über ganzzahlige Vielfache von 30 hinausgehenden überzähligen Tithi mit Tagen des jeweils laufenden Monats gleichzusetzen. Der dadurch begangene Fehler von höchstens einer Einheit nach oben oder unten war bei den Planeten nicht gravierend. Bei den Ergebnissen der Finsternisberechnungen konnte wegen deren naturgegebener Bindung an Neu- und Vollmonde in einem auf natürlichen Monaten beruhenden Kalender überhaupt kein Zweifel hinsichtlich des Datums entstehen.

Für die Ermittlung genauer Planetenperioden in Vielfachen und

30

Bruchteilen des Sonnenjahres und als Ausgangspunkt jeder Art von Längenberechnung im Tierkreis brauchte man nicht nur Datums-, sondern auch Längenangaben früherer Beobachtungen. Dazu dienten die 31 Normalsterne. Sie befinden sich beiderseits der Ekliptik und maximal knapp 10 Grad von dieser entfernt. Ihre ungleichmäßige Verteilung ist hauptsächlich naturgegeben durch die ungleiche Dichte hellerer Sterne am Himmel. Unerklärlich ist nur die Lücke im Zeichen Schütze, während im Wassermann und in den Fischen ekliptiknahe helle Sterne tatsächlich fehlen.

Trotz des ansehnlichen Alters der babylonischen Astronomie waren die Beobachtungsnotizen noch in der letzten Blütezeit des Neubabylonischen Reiches im 6. Jahrhundert vor Christus ziemlich ungenau und unregelmäßig. Ihre spätere Auswertung wurde außerdem dadurch erschwert, daß die Einfügung der Schaltmonate noch nicht nach festen Regeln erfolgte, sondern von Fall zu Fall vom König befohlen werden mußte. Jene Beobachtungen, aus denen vielleicht ein einziger genialer Astronom etwa um die Mitte des 4. Jahrhunderts wirklich sehr gute Großperioden der Planeten errechnet hat, erstreckten sich wahrscheinlich nur über einen Zeitraum von etwa 75 Jahren – drei Forschergenerationen. Wie die nachstehend genannten Ergebnisse zustande kamen, soll in einem anderen Kapitel dargelegt werden (vgl. Seite 111).

Den Planetenberechnungen der letzten Jahrhunderte vor Christus lagen folgende Großperioden zugrunde: Saturn durchläuft in 265 Jahren 9mal den ganzen Tierkreis, Jupiter in 427 Jahren 36mal, Mars in 284 Jahren 151mal. Am erstaunlichsten ist die Riesenperiode der Venus, die sich in 1151 Jahren 720mal als Abendstern und ebensooft als Morgenstern zeigt. Noch verwunderlicher ist es aber, daß zur Ermittlung dieser längsten aller Planetenperioden wahrscheinlich nur vier oder fünf Beobachtungen des Auftauchens der Venus als Morgenstern unter den zwei letzten Perserkönigen um die Mitte des 4. Jahrhunderts genügt haben! Mit den besonderen Problemen, die Merkur, der sonnennächste Planet, auch der damaligen rechnenden Astronomie aufzulösen gab, brauchen wir uns hier nicht zu befassen.

Hingegen muß noch erwähnt werden, daß man in gewissem Sinn auch von einer bestimmten Großperiode sprechen kann, die

31

Jupiter und Saturn gemeinsam miteinander hatten. Sie wird zwar in keinem bisher veröffentlichten Keilschrifttext erwähnt, aber den babylonischen Astronomen kann es nicht unbekannt geblieben sein, daß genau das Doppelte der großen Jupiterperiode, 854 Jahre, sehr nahe gleich 29 Umläufen des Saturn ist (vgl. Seite 113). Zwar ist dies keine im strengen Sinn genaue Periode. Aber wenn man sie im sexagesimalen Zahlensystem schreibt, das die Babylonier nicht nur für die Bruchteile einer bestimmten Einheit (z. B. Grad), sondern auch für deren Vielfache gebrauchten, dann ist 854 (dezimal) = 14 x 60 + 14 = (14), (14) (sexagesimal).

Die Eigentümlichkeit dieser Zahl könnte neben anderen Gründen bei der Deutung der Himmelserscheinungen des Jahres 7 v. Chr. durch die Magier eine gewisse Rolle gespielt haben. Denn die über mehrere Jahrzehnte im voraus geführten Planetenberechnungen der babylonischen Astronomen (beispielsweise 71 Jahre auf den beiden Seiten der großen Jupitertafel, Abbildung 1, Seite 17) waren nicht Selbstzweck, sondern sollten es ermöglichen, Sterndeutung auf lange Sicht zu betreiben, gewissermaßen eine Art von „Zukunftsforschung", um einen modernen Ausdruck zu gebrauchen.

Jede Berechnungstafel enthielt natürlich immer nur die Ergebnisse für einen bestimmten Planeten. Um ihr Zusammenwirken für die Sterndeutung zu überblicken, wurden in mühsamer Arbeit aus jeweils wenigstens einem halben Dutzend unhandlicher Tontafeln jahrweise knapp gefaßte Auszüge hergestellt. In diese astronomischen Kalender (vgl. Abbildungen Seite 18 und 19) wurden die vorausberechneten Himmelsereignisse lediglich in ihrer zeitlichen Reihenfolge mit dem Tagesdatum, aber ohne Angabe der Längengrade eingetragen. Diese mußten die Sterndeuter dann in jedem irgendwie interessanten Fall in den Berechnungstafeln nachsehen, die sorgfältig geordnet im Archiv aufbewahrt waren.

Leider sind von den zerbrechlichen Tontafeln dieses Tempelarchivs nur verhältnismäßig wenige ganz oder doch in größeren Bruchstücken erhalten geblieben. Es ist ein glücklicher Zufall, daß gerade von dem für uns besonders wichtigen Jahr 305 der babylonischen Seleukidenära (kurz: SE), dessen 13 Monate vom Abend des 1. April 7 v. Chr. bis zum 19. April 6 v. Chr. reichten, ein gut erhaltenes Exemplar und Bruchstücke von drei anderen auffindbar waren. Sie ergänzen einander weitgehend, so daß daraus die Daten fast aller von den babylonischen Astronomen vorausberechneten Himmelserscheinungen dieses Jahres ersichtlich sind (vgl. Tabelle 2, Seite 142).

Für uns sind diese Funde in zweifacher Hinsicht wertvoll. Zunächst beweist das Vorhandensein von vier verschiedenen Kalenderexemplaren desselben Jahres, daß damals noch eine größere Anzahl sternkundiger Gelehrter in Babylon aktiv war. In diesem Sinn hat schon 1925 die Entzifferung des ersten recht dürftigen Bruchstücks (Abbildung 2b, Seite 18) Aufsehen erregt. Mindestens ebenso wichtig ist aber der Umstand, daß von den Ergebnissen ihrer Berechnungen wenigstens die Zeitangaben auf den Tag genau festgehalten sind.

Denn von den bis in diese Zeit heraufreichenden Berechnungstafeln ist bisher nur ein schlecht erhaltenes Bruchstück, die Finsternisse eines 18jährigen Zyklus betreffend, wiederentdeckt worden. Die für uns besonders wichtigen Tafeln für die Planeten Jupiter und Saturn sind leider nur bis zum Jahr 243 SE (= 69 v. Chr.) vorhanden. Hier bewährte sich nun die Zweckmäßigkeit der scheinbar so übertriebenen Rechengenauigkeit der babylonischen Astronomen. Aus den erhalten gebliebenen Tafeln konnten nämlich darauf spezialisierte Altorientalisten die darin verwendeten theoretischen Grundlagen und numerischen Konstanten erschließen, die etwa dem entsprechen, was in der modernen Planetentheorie die Bahnelemente sind.

Darauf aufbauend habe ich die Rechnungen in sinngemäßer Fortsetzung der noch vorhandenen Tafeln für Jupiter und Saturn bis zum Jahr 7 v. Chr. weitergeführt. Die erhaltenen Ergebnisse wurden, soweit möglich, mit den Datumsangaben mehrerer noch vorhandener Tontafelkalender aus den letzten Jahren des überbrückten Zeitraumes verglichen, besonders natürlich mit 305 SE. Aus der dabei gefundenen Übereinstimmung darf man schließen, daß auch die von mir rekonstruierten Längen der beiden Planeten im Tierkreis jenen Resultaten entsprechen, die einst in den jetzt verschollenen babylonischen Berechnungstafeln standen (vgl. Tabelle 1, Seite 141).

Die langfristigen Vorausberechnungen der Babylonier betrafen nur einige besondere „Phasen", die bei jedem Planeten in zwar ungleichen, aber zyklisch berechenbaren Zeitabständen wiederkehren. Diese Berechnungen beschränken sich auf das Datum und die Länge im Tierkreis; die meist kleinen Abstände von der Ekliptik blieben in den Langzeitrechnungen der Babylonier gänzlich unberücksichtigt.

Für Saturn, Jupiter und Mars wurden in jedem Zyklus fünf verschiedene Phasen vorausberechnet: (1) das erste Erscheinen im Frühaufgang, (3) der letzte sichtbare Aufgang am Abend, (2) und (4) das zweimalige Stehenbleiben im Hin- und Hergehen vor dem Hintergrund der Fixsterne in annähernd gleichen Zeitabständen vor und nach dem Abendaufgang, endlich (5) die letztmalige Sichtbarkeit am Abend, der Untergang vor einer längeren Unsichtbarkeitsdauer.

Wer noch nie Gelegenheit hatte, Sternaufgänge ungestört von nahen künstlichen Lichtquellen zu beobachten, mag vielleicht die Unterschiede zwischen Früh- und Abendaufgängen zu gering einschätzen. Beim Frühaufgang herrscht helle Morgendämmerung, die meisten Sterne sind längst verblaßt, und der Beobachter muß seine Aufmerksamkeit gerade auf jenen Teil des Osthorizonts richten, den die nahende Sonne am stärksten erhellt. Dort wird dann, wenn das für den Frühaufgang berechnete Datum richtig war, der erwartete Planet als heller Lichtpunkt aufblitzen, aber schon wenige Minuten später vom blendenden Glanz der Sonne völlig überstrahlt werden.

Anders beim Abendaufgang. Die Dämmerung von der im Westen eben untergegangenen Sonne wirkt sich auf den Osthimmel weniger aus. Auch kann man bereits wochenlang vorher bemerken, wie der Aufgang des betrachteten Planeten von Abend zu Abend früher auf den Sonnenuntergang folgt. So kann man auch ohne Vorausberechnung abschätzen, an welchem Abend das Zeitintervall zwischen Sonnenuntergang und Planetenaufgang gerade noch ausreichen wird, um letzteren noch wirklich am Horizont wahrnehmen zu können. Vor allem aber sieht man den Planeten nicht nur für kurze Augenblicke wie beim Frühaufgang, sondern man kann beobachten, wie er vom Abend bis gegen

Mitternacht zur Höhe des Himmels emporsteigt und in der zweiten Nachthälfte den Bogen hinab zum Westhorizont vollendet. Zugleich zeigen sich die drei „oberen" Planeten, am auffälligsten Mars, um die Zeit des Abendaufgangs in größter Helligkeit, weil sie der Erde räumlich am nächsten sind. Dieser sinnenhafte Eindruck macht also den Abendaufgang geradezu zum Höhepunkt im Zyklus eines jeden der drei „oberen" Planeten. Im Hinblick auf das Thema dieses Buches ist hinzuzufügen, daß Jupiter im Jahre 7 v. Chr. außerdem infolge seiner (räumlichen) Sonnennähe erst recht ein Maximum seiner Helligkeit erreichte.

Für die Planeten Venus und Merkur sind in den Kalendertafeln nur die Daten von Beginn und Ende ihrer Sichtbarkeit, abwechselnd am Morgen- und Abendhimmel, eingetragen. Nur aus einigen Berechnungstafeln ist es ersichtlich, daß die babylonischen Astronomen, vielleicht sogar mehr aus der Theorie als durch Beobachtungen, um die Stillstände auch der Venus wußten. Venus selbst ist freilich so hell, daß man sie bei klarem Himmel oft auch bei Tage sehen kann. Aber nicht immer sind genügend helle Sterne in ihrer Nähe, daß man relativ zu ihnen Stillstand und Rückläufigkeit dieses Planeten wenigstens in der Dämmerung beobachten könnte.

Seite 37–40:

Abb. 5. Der Osthimmel über Babylon am 15. September 7 v. Chr. bald nach dem Abendaufgang von Jupiter und Saturn (Fotomontage). Zur Orientierung über die hier sichtbaren Sternbilder vergleiche Abb. 4a (Seite 20)!

Abb. 6. Das Zodiakallicht mit Jupiter und Saturn sowie den Hauptsternen des Pegasus am 12. November 7 v. Chr., 19 und 21 Uhr Ortszeit über dem Südwesthorizont von Bethlehem (Zeichnung nach genauer Berechnung). Während sich die Basis des Pegasus-Vierecks gleichsam als himmlischer Uhrzeiger binnen zwei Stunden um 41,25 Grad relativ zum Vertikalkreis drehte, richtete sich die helle Symmetrie-Achse des Zodiakallichts an ihrem praktisch gleichbleibenden Untergangspunkt um nur 11,7 Grad steiler auf. Die berechnungsgemäß gegenüber dem Sternhintergrund zum Stillstand gelangten Planeten schienen daher außerdem, für die Magier höchst überraschend, gleichzeitig auch über Bethlehem stundenlang stillzustehen.

Abb. 7. Am 12. November 7 v. Chr. weist Jupiter als „Stern des Messias" durch das scheinbar von ihm ausgehende Zodiakallicht auf Bethlehem hin. Das Foto aus dem Wiener Planetarium zeigt anschaulich einen gewissen Moment aus dem in der vorigen Abbildung schematisch dargestellten Vorgang.

Abb. 8a. Früh-byzantinischer Mosaikplan von Jerusalem mit Umgebung. Abweichend von unserer Gewohnheit ist hier Osten oben, Westen unten, Süden rechts, Norden links.
Abb. 8b, c. Papyrus-Codex Bodmer V, Seite MB' = 42: Foto und Abschrift in modernen griechischen Lettern. Die hier besonders bemerkenswerten Mehrzahlformen „astéras (Sterne)" und „pro-egan (zogen voran)" – akzentlos geschrieben – findet man etwas rechts der Mitte in der 4. und 5. Zeile.

36

Abb. 5

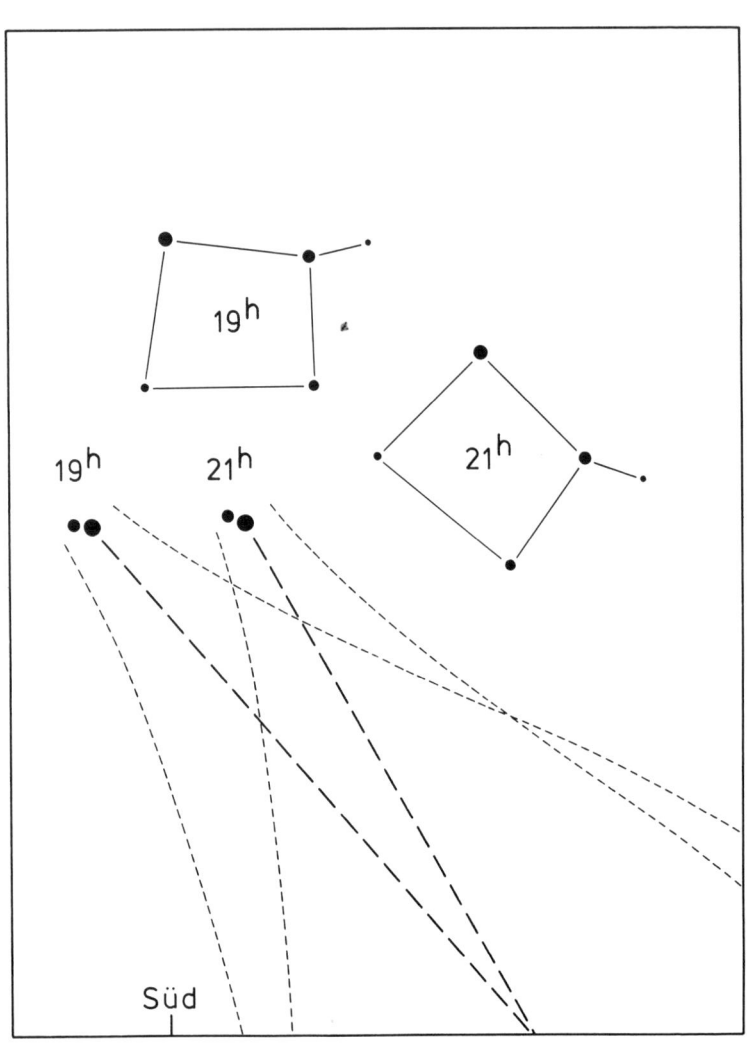

Abb. 6

Abb. 7

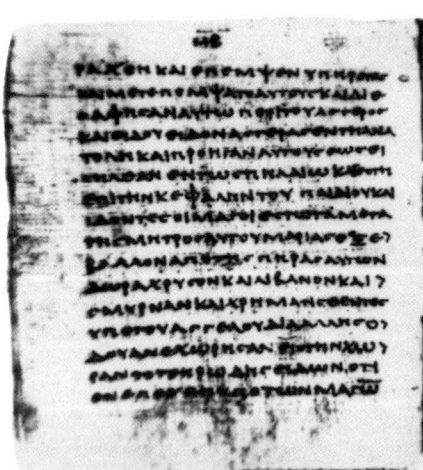

ραχθη. και επεμψεν υπηρετασ
και μετεπεμψατο αυτουσ. και διεσαφησαν αυτω περι του αστεροσ.
και ειδου ειδον αστερασ εν τη ανατολη και προηγαν αυτουσ εωσ εισηλθαν εν τω σπηλαιω. και εστη
επι την κεφαλην του παιδιου. και
ιδοντεσ οι μαγοι εστωτα μετα
τησ μητροσ αυτου Μαριασ εξεβαλλον απο τησ πηρασ αυτων
δωρα χρυσον και λιβανον και
σμυρναν. και χρηματισθεντεσ
υπο του αγγελου δια αλλησ ο-
δου ανεχωρησαν εισ την χωραν. τοτε Ηρωδησ ειδων οτι
ενεπεχθη υπο των μαγων

Abb. 8

40

Erscheinen, Aufgang, Stehenbleiben des Sterns

Danach berief Herodes die Magier heimlich (zu sich) und erfragte von ihnen genau die Zeit des erschienenen Sterns.

Der Stern, den sie in dem Aufgang gesehen hatten, zog ihnen voran, bis er im Gehen stehenblieb oben darüber, wo das Kind war.

Herodes ... ließ in Bethlehem und dessen ganzer Umgebung alle Knaben von zwei Jahren und darunter töten, gemäß der Zeit, die er von den Magiern genau erfragt hatte.

In diesen Zitaten, die ebenso wie das der Einleitung vorangestellte (Seite 11) möglichst wörtlich nach dem griechischen Urtext wiedergegeben wurden, ist alles zusammengefaßt, was der Evangelist über den Stern und dessen Deutung aus seiner Informationsquelle übernommen hat. Bleiben wir bei der Annahme, daß ihm der Originalbericht eines der beteiligt gewesenen Magier vorlag, dann dürfen wir diese Stellen auch inhaltlich genau beim Wort nehmen.

Da verdient zunächst die Heimlichkeit der Audienz der Magier beim König Herodes eine gewisse Beachtung. Wäre der Stern ein großartiger Komet gewesen, wie Origenes und manche moderne Erklärer meinten, dann wäre ein heimliches Fragen nach dem Zeitpunkt des Erscheinens ganz überflüssig gewesen. Dieser Nebenumstand spricht vielmehr dafür, daß es sich um ein weniger spektakuläres Himmelsereignis handelte, dessen Besonderheit nur von den damals dafür zuständigen Fachleuten erkannt und gedeutet werden konnte.

Als unbestritten darf man den Sinn der Redewendung „Zeit des

41

erschienenen Sterns" ansehen. Denn es macht keinen wesentlichen Unterschied, ob damit die Zeitdauer, seit wann der Stern zu sehen war, oder der Zeitpunkt, wann er erstmals am Himmel erschien, bezeichnet werden sollte. Waren nach unserer Vermutung diese Magier babylonische Sternkundige, dann konnten sie die Frage leicht beantworten. Denn das Erscheinen im Frühaufgang war die erste jener fünf Phasen, die für jeden Zyklus eines „oberen" Planeten langfristig vorausberechnet wurden.

Der Frühaufgang Jupiters hatte zufolge der babylonischen Planetentheorie am 15. März 7 v. Chr. stattgefunden, wobei er sich auf etwa 11° des Tierkreiszeichens Fische befand. Das Datum des Erscheinens von Saturn ist in der ersten Zeile des besterhaltenen Kalendertäfelchens (Abbildung Seite 19) am 3. Nisan eingetragen, was dem 4. April 7 v. Chr. entspricht. Nach babylonischer Berechnung (und auch in Wirklichkeit) war sein Abstand von Jupiter noch beträchtlich; Saturn befand sich zu dieser Zeit bei 19° des Zeichens Fische (vgl. auch Abbildung 4 a, Seite 20).

Das erste und das dritte Zitat aus dem Magier-Bericht zusammen zeigen ganz deutlich, worauf es Herodes bei seiner Frage ankam. Er teilte offenbar die weit verbreitete Meinung, daß zugleich mit der Geburt eines Menschen „sein" Stern am Himmel erscheint. Je nach der erhaltenen Auskunft wollte der König dann seine Maßnahmen einrichten. Zunächst meinte er wohl, in den Magiern ahnungslose und willige Handlanger für seine bösen Absichten gefunden zu haben. Dann aber erteilte er seinen Mordbefehl „gemäß der Zeit, die er von den Magiern genau erfragt hatte", wobei er die obere Altersgrenze reichlich zu hoch bestimmte, um den ihm unbekannten kindlichen Rivalen mit absoluter Sicherheit zu treffen.

Die nächste Phase, der östliche Stillstand beider Planeten, wird im Magier-Bericht des Evangeliums nicht erwähnt, da hierbei noch keine auffällige Besonderheit gegeben war. In dem Kalendertäfelchen ist aber als Datum des Jupiterstillstandes (umgerechnet) der 20. Juli eingetragen mit dem Zusatz, daß der Planet dabei bis ans Ende des Zeichens Fische gelangt war. Der Saturnstillstand ist für den 27. Juli eingetragen; seine Länge betrug, nach

42

babylonischer Theorie berechnet, rund 28° im Zeichen Fische, entsprechend etwa zwei Grad Abstand von Jupiter (vgl. Abbildung 4 b, Seite 20 und Tabelle 1 Seite 141).

Uneinig waren und sind zum Teil noch immer die Bibelwissenschaftler, was mit dem Ausdruck „in dem Aufgang" eigentlich gemeint sein soll. Sicherlich zu inhaltarm wäre die Übersetzung „im Osten"; denn damit würden allein Venus oder Merkur als „Abendsterne" und unter Umständen das erste Sichtbarwerden eines Kometen ausgeschlossen, während das Wort „Aufgang" mindestens ein datierbares Ereignis bedeuten würde. Manche Erklärer neigen wohl dazu, hier nur mit einem anderen Ausdruck das bereits besprochene erste Erscheinen, also den Frühaufgang, nochmals hervorgehoben zu sehen. Es wurde aber bereits festgestellt, daß die Frühaufgänge der zwei besonders ins Auge gefaßten Planeten im Abstand von beinahe drei Wochen und mit einer noch ziemlich großen Längendifferenz stattfanden.

Hingegen verdiente der Abendaufgang von Jupiter und Saturn ganz zweifelsfrei die zweimalige Hervorhebung im Magier-Bericht. Denn dieser Aufgang ist für beide Planeten zum gleichen Datum, umgerechnet dem 15. September 7 v. Chr., auf dem Kalendertäfelchen eingetragen. Die zugehörigen Längen folgen aus der babylonischen Theorie im Betrag von 25°17' im Zeichen Fische für Jupiter und 24°16' für Saturn. Die Längendifferenz hatte zufolge dieser Berechnung auf nur ein Grad abgenommen. Auf den ersten Blick scheint ein Widerspruch darin zu liegen, daß trotz gleichen Datums überhaupt eine Längendifferenz aus der Rechnung hervorgehen kann. Aber ein gleiches Datum bedeutet ja nicht, daß beide Planeten auch genau zur gleichen Minute am Horizont auftauchen mußten. Denn ein Grad Längendifferenz bewirkte nur etwa vier Minuten Unterschied in den Aufgangszeiten. Die babylonischen Astronomen werden daher das eben vorgestellte Rechenergebnis ohne Bedenken angenommen und diesem Abendaufgang eine besondere Auszeichnung zuerkannt haben (Abbildung 5 Seite 37).

Nicht minder ungewöhnlich waren die nach babylonischer Methode – also ganz im Sinne der Magier – von mir errechneten Umstände beim zweiten Stillstand. Dabei befand sich Jupiter auf

20°13' des Zeichens Fische, Saturn auf 20°16', das heißt, die Längendifferenz betrug nur noch drei Bogenminuten! Aus der gleichen Theorie geht in genauer Übereinstimmung mit der Eintragung im Kalendertäfelchen für Saturn das Datum (umgerechnet in den Julianischen Kalender) 13. November 7 v. Chr. hervor; für Jupiter ergibt die Rechnung den 12. November. Die entsprechende Tageszahl befand sich an der leider abgebrochenen linken unteren Ecke des Kalendertäfelchens. Der geringe Rest der Einerziffer scheint nach Ansicht der Fachleute eine um eine Einheit niedrigere Tageszahl erkennen zu lassen. Diese kleine Differenz zwischen der rekonstruierten Berechnung und jener, die der Eintragung in den Kalender zugrunde lag, ist vermutlich einem Rundungsfehler zuzuschreiben, der infolge der Nichtübereinstimmung zwischen den Recheneinheiten Tithi und Kalendertagen entstehen konnte. Auf die davon unabhängige Längenberechnung ist dies jedoch ohne jeden Einfluß.

Übrigens ist die Datumsdifferenz, ob ein oder zwei Tage, bei der Stillstandsphase von Jupiter und Saturn ganz belanglos. Rein mathematisch betrachtet ist es zwar ein ganz bestimmter Zeitpunkt, an dem der betrachtete Planet die Richtung seiner Bewegung gegenüber dem Sternhintergrund umkehrt, doch ist die Ortsänderung am Himmel um den Stillstand herum so gering, daß sie fürs freie Auge mehrere Tage hindurch ganz unmerklich bleibt. Der damalige Stillstand von Jupiter und Saturn war also nicht nur durch die vorausberechnete, sehr kleine Längendifferenz zwischen beiden, sondern außerdem durch ein praktisch fast gleiches Datum in den Augen der Magier aufs höchste bemerkenswert.

Der Evangelist fügt der Hervorhebung des Stehenbleibens des Sterns hinzu, daß dieser „stehenblieb oben darüber, wo das Kind war". Auch das ist keine legendäre Übertreibung! In den Vorausberechnungen der Magier war freilich nichts dergleichen auch nur angedeutet. Aber desto eindrucksvoller war für sie das Erlebnis, als sie am Abend des 12. November auf dem Weg von Jerusalem nach Bethlehem den Stern sogar in zweifachem Sinn stehenbleiben sahen. Die natürliche Erklärung dafür werden wir später (Seite 66) kennenlernen.

Bevor wir zu verstehen suchen, wie die Magier die Planetenbegegnung des Jahres 7 v. Chr. gedeutet haben, muß daran erinnert werden, daß ihnen die eben gezeigten Ergebnisse nicht isoliert vorlagen. Vielmehr darf man annehmen, daß das Archiv mit den teilweise schon von mehreren früheren Generationen aus mindestens anderthalb Jahrhunderten erarbeiteten Berechnungstafeln ihnen noch vollständig zur Verfügung stand.

Einen Überblick über die Erscheinungen aller Planeten konnte man daraus freilich nur auf dem mühsamen Weg der Zusammenstellung der Jahreskalender erlangen. Diese wurden wegen des großen Arbeitsaufwandes immer nur einige Monate im voraus fertig. Aber es war ziemlich leicht, die nur in Zeitintervallen von rund zwanzig Jahren stattfindenden Begegnungen zwischen Jupiter und Saturn herauszusuchen und zuerst einmal die Längendifferenzen bei den Abendaufgängen der beiden zu betrachten. Nur wenn diese kleiner als drei Grad waren, bestand die Möglichkeit, daß wenigstens bei einem der beiden Stillstände ein irgendwie bemerkenswert geringer Abstand hatte eintreten können.

Die Durchsicht der fünf letztvorhergegangenen Begegnungen der genannten zwei Planeten anhand der Tabelle 1 (Seite 141) läßt aber erkennen, daß die Begegnung jedesmal nur ein rascher Vorübergang Jupiters an Saturn mehr als zwei Monate vor dem darauffolgenden östlichen Stillstand gewesen sein konnte. Extrem groß war die Längendifferenz bei den Abendaufgängen, die im Jahre 67 v. Chr. in den Fischen stattgefunden hatten.

Erst beim Zurückgehen um 119 Jahre, also 126 v. Chr., findet man eine gleichfalls bemerkenswerte Begegnung in den Fischen. Die Längendifferenz zwischen Jupiter und Saturn betrug beim ersten Stillstand 3°31', wobei Jupiter schon vorher an Saturn vorübergegangen war. Im Zuge des Rücklaufs kam Jupiter dem Saturn wieder näher, so daß beim Abendaufgang die Längendifferenz 2°8' und schließlich beim zweiten Stillstand nur 0°45' betrug; auch das war noch immer ein Vielfaches der Dreiminuten-Differenz bei der gleichen Phase im Jahre 7 v. Chr. Zudem blieb Jupiter im Jahr 126 v. Chr. auch beim zweiten Stillstand östlich von Saturn, so daß er sich sofort nach dieser Phase von Saturn wieder entfernte, während beide Planeten im Jahre 7 v. Chr. noch länger in engster Nachbarschaft beieinander verweilten und so eine auffällige Erscheinung boten.

Das Ergebnis dieser Durchsicht der vorausgegangenen Jupiter-Saturn-Begegnungen ist für die nachfolgende Deutung in zweifacher Weise wichtig. Einerseits ist dabei festgestellt worden, daß zwischen 126 v. Chr. und 7 v. Chr. auch in anderen Tierkreiszeichen (Skorpion, Krebs, Löwe) keine länger dauernde Begegnung der beiden Planeten, sondern nur rasche Vorübergänge stattgefunden haben. Andererseits war die Begegnung in den Fischen im Jahre 126 v. Chr. durch ein monatelanges Verweilen mit weniger als drei Grad Längenunterschied und einer Annäherung auf nur 45 Bogenminuten beim zweiten Stillstand nicht ganz unähnlich der vom Jahre 7 v. Chr. Wahrscheinlich hat dies mittelbar auch für die Deutung der letzteren eine Rolle gespielt.

Der Längenunterschied zwischen Saturn und Jupiter beim westlichen Stillstand im Jahre 7 v. Chr. war zwar nach modernen Planetentafeln größer als die 3 Bogenminuten nach der babylonischen Berechnungsweise. Aber mit freiem Auge kann man immer nur den Gesamtabstand der Planeten voneinander feststellen, der hier infolge des Breitenunterschieds nach babylonischer Rechnung 1°02' gegen 1°09' in Wirklichkeit betrug. Diesen knapp über einem Zehntelgrad gelegenen Fehler konnten die Magier auch bei genauester Betrachtung nicht bemerken.

46

Die Deutung des Sterns durch die Magier

Der Evangelist spricht von **einem** Stern, der die Magier zu ihrer Huldigungsfahrt veranlaßt haben soll. Bisher war aber vor allem die Rede von einer Planetenbegegnung besonderer Art. War etwa der Abstand zwischen Jupiter und Saturn beim zweiten Stillstand so klein, daß beide scheinbar zu einem einzigen Lichtfleck verschmolzen?

Nein, dazu konnte es deshalb nicht kommen, weil die beiden sich in verschiedenen Bahnebenen bewegen. Saturn befand sich während des ganzen Jahres 7. v. Chr. etwa um einen Grad weiter südlich von der Ekliptik als Jupiter. Allerdings wurde davon in den Langzeitberechnungen der babylonischen Astronomen überhaupt keine Notiz genommen. Wenn also, wie man vermuten darf, die Aufmerksamkeit der Magier vielleicht schon viele Jahre im voraus auf die nächstbevorstehende Begegnung der beiden Planeten in den Fischen gerichtet war, dann war der von Phase zu Phase geringere Längenunterschied, der schließlich nur noch drei Bogenminuten beim zweiten Stillstand betrug, in den Berechnungstafeln noch weit eindrucksvoller als bei der erst viel später möglichen Beobachtung am Himmel.

Demnach kann man annehmen, daß der Evangelist schon in seiner Informationsquelle die Einzahl „sein Stern" vorgefunden hat.

Die Rechtfertigung dieser Annahme ist vor allem in der babylonischen Rangordnung der Planeten zu finden. Sicher haben bei deren Aufstellung auch die verschiedenen Helligkeiten und Umlaufperioden eine Rolle gespielt. Ausschlaggebend war aber offenbar die Rangordnung der Gottheiten, die man von alters her in den Planeten zu sehen glaubte.

In dieser Rangordnung stand Jupiter (sumerisch „Mulbabbar", d. h. der „glänzende Stern" des Marduk, der höchsten männlichen

47

Gottheit der Babylonier) unbestritten an erster Stelle. Er war der einzige Planet, dem in der Spätzeit der babylonischen Sternkunde regelmäßig noch die Kennzeichnung „kakkabu" gewissermaßen im Sinne einer Hervorhebung zukam. Unter den scheinbar eigenwillig umherwandernden Gestirnen war er „Der Stern" schlechthin.

Wer jemals Jupiter in der Nähe Saturns oder auch eines Fixsterns erster Größe gesehen hat, wird zugeben, daß der glänzende Stern des Marduk wirklich eindrucksvoll herausragt. Ganz besonders gilt das, wenn er sich in der Gegend seines Perihels (Sonnennähe im räumlichen Sinn) befindet, wie es im Jahre 7 v. Chr. der Fall war. Betrachtet man außerdem seine Bewegungsweise, dann zeigt er sich einerseits im Vergleich zu Saturn als der aktivere: Jupiter war es, der im Jahre 7 v. Chr. zwischen Frühaufgang und erstem Stillstand gleichsam mit raschen Schritten den Saturn überholte und dann wieder auf ihn zuging, bis er schließlich ganz nahe bei ihm zum zweitenmal stehenblieb. Andererseits findet man in den Bewegungen Jupiters nicht die flinke Beweglichkeit der drei anderen Planeten, Merkur, Venus und Mars. Im Vergleich zu deren scheinbarer Hast schreitet Jupiter in erhabener Ruhe innerhalb von rund zwölf Jahren einmal durch den Tierkreis.

Astrologisch ist Jupiter immer bedeutungsvoll. Deshalb wurde er auch in den knappen Monatsübersichten der Kalendertäfelchen regelmäßig an erster Stelle genannt. Aber welche Bedeutung ihm zu gegebener Zeit zukam, das ergab sich von Fall zu Fall daraus, in welchem Tierkreiszeichen er gerade stand und welche Planeten in seiner Nähe zu finden waren.

In der Rangordnung an zweiter Stelle kam Venus, der allgemein bekannte Morgen- und Abendstern. Unter dem Namen „Dilibat" vertrat sie am Himmel die höchste weibliche Gottheit Ischtar. In der Sterndeutung wurden ihr vor allem flüchtige, kurzdauernde Glücksfälle zugeschrieben.

Dritter im Rang war der flinke Planet Merkur, der sich immer nur für kurze Zeit bald morgens vor Sonnenaufgang, bald nach Sonnenuntergang zeigt. Sogar in Babylonien gelang es nicht bei jeder dieser Gelegenheiten, ihn wirklich zu erblicken. Der Gott Nabu, den er am Himmel vertrat, hatte eine ähnliche Funktion wie

48

der griechische Götterbote Hermes. Beim Frühaufgang des Saturn am 4. April 7 v. Chr. befand sich Merkur so dicht über dem Osthorizont, daß es zweifelhaft ist, ob er in der hellen Dämmerung wirklich noch gesehen werden konnte (vgl. Abbildung 4a, Seite 20).

Erst an vierter Stelle in der babylonischen Rangordnung folgt Saturn. Sein babylonischer Name „Kajmanu" ist in der Form „Kewan" ins Aramäische, als „Kiwwun" ins biblische Buch Amos und (mit irrtümlich falschem Anlaut) als „Rhaiphan" auch in die in Ägypten hergestellte griechische Bibelübersetzung (Septuaginta) übergegangen.

In welchem Zusammenhang der babylonische Name des Planeten Saturn in der Bibel erscheint, ist auch für unser Thema von größter Wichtigkeit. Um die Mitte des 8. Jahrhunderts vor Christus beklagte der Prophet Amos das Eindringen heidnischer Kulte in den Gottesdienst der Israeliten mit den Worten:

Und ihr erhebt den Sikkut (als) euren König
und den Kiwwun, euer Götzenbild,
den Stern eures Gottes, den ihr euch gemacht habt.
(Amos **5**, 26)

In der ägyptisch-griechischen Übersetzung und in dem Zitat dieser Stelle in der Apostelgeschichte hat zwar die erste Verszeile einen anderen Sinn erhalten; desto deutlicher heißt es aber dort in der zweiten Zeile:

... das Gestirn des Gottes Rhaiphan...
(Apostelgeschichte 7, 43)

Durch die verschiedenen Schreibungen des Sternnamens darf man sich nicht irremachen lassen. Im Althebräischen wurden ursprünglich nur die Konsonanten geschrieben; die Kennzeichnung der Vokale in der Schrift erfolgte erst viel später, wobei besonders in fremden Eigennamen Irrtümer kaum vermeidbar waren. Der falsche Anlaut Rh... statt K... ist offenbar schon bei der Herstellung der griechischen Bibelübersetzung in Ägypten im

2. Jahrhundert vor Christus entstanden. Von da aus hat sich dieser Fehler fortgepflanzt in alle alten Handschriften, in denen diese Stelle in griechischer oder lateinischer Sprache zitiert wird. Dazu kamen später noch Varianten besonders in bezug auf den Vokal der ersten Silbe, z. B. Rhe(m)pha(n) oder Rhompha(n).

Ungeachtet aller Schreibversehen in der Textüberlieferung und teilweise mißverständlicher Übersetzungen ist das Zitat aus dem Propheten Amos wichtig als der älteste Beleg dafür, daß Saturn (auch) als Planet des jüdischen Volkes galt, und daß diese Zuordnung ursprünglich von babylonischen Sterndeutern ausging.

Freilich war für die Großreiche, die ihren Schwerpunkt bald in Babylonien, bald in Assyrien hatten, das nur kurze Zeit unter einem Herrscher geeinte jüdische Volk wohl nicht so wichtig, daß ihm allein der Planet Saturn gleichsam zu eigen gegeben worden wäre. Aber mindestens ein alter astrologischer Text aus Borsippa, der bedeutendsten Nachbarstadt Babylons, bestätigt, daß dort Saturn als kosmischer Vertreter der Bewohner von Syrien und Palästina betrachtet worden ist.

Trotz der Verurteilung des Kiwwun-Kultes durch den Propheten Amos hielt sich bei den Juden mit großer Zähigkeit die Vorstellung einer besonderen Beziehung ihres Volkes zum Planeten Saturn. Die ungebrochene Aktualität dieses Gedankens – und auch der Opposition dagegen – wird unter anderem bewiesen durch Anspielungen auf das Amos-Wort in der sogenannten Damaskus-Schrift, die aus Qumran und aus zwei mittelalterlichen Abschriften bekannt ist. Sogar der römische Geschichtsschreiber Tacitus (Historiae 54, 29) kennt den Anspruch jüdischer Astrologen, daß ihr Volk in besonderer Beziehung zu Saturn stehen sollte.

Der letzte in der babylonischen Rangordnung der Planeten war Mars, „Salbatanu". Er galt vor allem als kosmischer Vertreter feindseliger Westvölker – vom Zweistromland aus gesehen, und allgemein als Unheilstifter, besonders um die Zeit zwischen erstem Stillstand und Abendaufgang, wenn seine Helligkeit sich auffallend steigerte. Die kräftig rote Farbe seines Lichts war der naheliegende Grund dafür, daß man ihn mit Feuer und blutigen Ereignissen in Zusammenhang brachte.

Eine direkte Anspielung auf ihn und die ihm in der Astrologie fast allgemein zugeschriebene üble Vorbedeutung läßt der Evangelist zwar nicht erkennen. Möglicherweise hat aber doch auch Mars in den Überlegungen der Magier eine gewisse Rolle gespielt, auf die wir später zurückkommen werden (Seite 72).

Die zwei Begegnungen der Planeten Jupiter und Saturn in den Jahren 126 und 7 v. Chr., die im vorigen Kapitel als besonders bemerkenswert und in gewissem Maß einander ähnlich herausgestellt worden sind, ereigneten sich im Tierkreiszeichen Fische. Zweifellos ist auch dieser Umstand in die Deutung mit einbezogen worden.

Aber über das „Wie?" gibt uns leider keiner der wenigen astrologischen Texte aus spätbabylonischer Zeit Auskunft.

Man kann nur gewisse Schlüsse ziehen unter der Annahme, daß die diesbezüglichen Auffassungen der Sterndeuter sich stetig den allmählich veränderten irdischen Verhältnissen und den präziser gewordenen astronomischen Grundlagen angepaßt haben.

In alten astrologischen Texten lange vor der schematischen Einteilung des Tierkreises in zwölf gleich lange Abschnitte wurde dem Sternbild Fische astro-geographisch der ganze fruchtbare Länderbogen von Mesopotamien über Syrien und Palästina bis Unterägypten zugeordnet. Dabei wurde der östliche Fisch – der linke bei Blickrichtung nach Süden, wie aus Abbildung 4b (Seite 20) ersichtlich ist – samt dem daran hängenden Teil des „Bandes" mit dem früher erwähnten Stern „Eta" auf Mesopotamien bezogen. Nur der westliche (rechtsseitige) Teil des Bildes blieb für Palästina und das Nilland übrig. Wahrscheinlich haben die spätbabylonischen Astrologen diese Einteilung sinngemäß auf drei je zehn Grad lange Abschnitte des Tierkreiszeichens Fische in solcher Art übertragen, daß je einer für Mesopotamien, Palästina und Unterägypten gelten sollte.

Sicheres Wissen bieten uns erst wieder astrologische Quellen des Mittelalters. Aus diesen geht eindeutig hervor, daß nun sogar das ganze Zeichen Fische auf das mittlerweile über viele Länder der Welt zerstreute Volk der Juden bezogen worden ist.

Sehr wahrscheinlich ist diese Auffassung nicht sprunghaft aufgekommen. Viel eher ist anzunehmen, daß sie sich schon früher

51

allmählich herausgebildet hat. Denn bereits infolge der Zerstörung Jerusalems im Jahre 586 v. Chr. und der Deportation vieler Juden nach Babylonien begann die Zerstreuung des Volkes über fast das ganze Gebiet, das man von alters her im Sternbild Fische am Himmel versinnbildet glaubte.

Eine scharfe Grenzziehung innerhalb des Sternbildes oder des Tierkreiszeichens war bei der astrologischen Deutung schon deshalb nicht konsequent einzuhalten, weil Jupiter vom Abendaufgang bis zum zweiten Stillstand bereits einen Bogen von mehr als fünf Grad zurücklegte. Im Jahre 126 v. Chr. befand er sich beim Abendaufgang auf 10°7' der Fische, also nahe dem westlichen Rand des mittleren Abschnitts dieses Zeichens; im Jahre 7 v. Chr. kam er bei 20°13', also dicht am östlichen Rand des gleichen Abschnitts, neben Saturn zum zweiten Stillstand. Vorher aber hatte er innerhalb der vier Monate vom Frühaufgang bis zum ersten Stillstand fast den ganzen mittleren und den östlichen Abschnitt des Fische-Zeichens durchlaufen und war in weiteren vier Monaten wieder zum mittleren Abschnitt zurückgekehrt.

Fassen wir zusammen: Jupiter, der Stern der höchsten babylonischen Gottheit, trat in größter Glanzentfaltung beim Abendaufgang an die Seite Saturns, des kosmischen Repräsentanten des Volkes der Juden. Gemeinsam zogen sie vom Aufgang bis zum Untergang sichtbar in majestätischem Bogen über den Himmel. Schließlich blieben beide Planeten fast genau auf gleicher Länge im Tierkreis stehen. Astrogeographisch betrachtet schien Jupiter anzuzeigen, daß das durch seine Begegnung mit Saturn angekündigte irdische Ereignis bedeutungsvoll sein sollte nicht nur für Palästina, sondern auch für Babylonien.

Den dortigen Sternkundigen mußte außerdem aufgrund ihrer Periodenkenntnisse klar sein, daß die besonderen Umstände der Planetenbegegnung des Jahres 7 v. Chr. in annähernd gleicher Weise sich zuletzt 854 Jahre früher ereignet haben konnten und frühestens weitere 854 Jahre später wiederkehren würden. Diese Überlegung rechtfertigte ihre Erwartung, daß ein wahres „Jahrtausend-Ereignis" glückbringender Art bevorstehe.

Welcher Art ein solches Jahrtausend-Ereignis sein sollte, das konnte man freilich nicht in der Dutzendware alltäglicher

Deutungsregeln verzeichnet finden. Eher konnten allgemeine Überlegungen und ein Analogieschluß richtungweisend sein.

Die Beteiligung des Planeten Jupiter an der kosmischen Ankündigung ließ nicht bloß ein rasch vorübergehendes freudiges Ereignis erwarten, sondern vielmehr den Anbruch einer Zeit dauerhaften Glücks für das durch Saturn repräsentierte Volk. Solchen Hoffnungen konnte unter damaligen Verhältnissen am ehesten die Geburt eines Königs entsprechen, der nach seiner Thronbesteigung viele Jahre kraftvoll und klug das Zepter führen würde.

In diesem Sinn könnten die babylonischen Sterndeuter einen Analogieschluß an die Jupiter-Saturn-Begegnung des Jahres 126 v. Chr. geknüpft haben. Ungefähr um diese Zeit – ganz genau wußte das hundert Jahre später wohl niemand mehr – war Alexander Jannai als jüngster Sohn des Hohenpriesters und Fürsten von Judäa, Johannes Hyrkanos, geboren worden. Von diesem nach Galiläa verbannt und nur knapp den Nachstellungen seiner älteren Brüder entgangen, war Alexander nach deren Tod im Jahre 103 v. Chr. König von Judäa geworden und konnte sich trotz äußerer und innerer Feinde bis zu seinem Tod 27 Jahre lang auf dem Thron behaupten. Freilich war er aus der Sicht strenggläubiger Juden wegen der Vereinigung von Königtum und hohepriesterlicher Würde und wegen der blutigen Niederwerfung eines jahrelang schwelenden Pharisäeraufstands ein Frevler. Aber im Ausland hatte man die kurze Regierungszeit des älteren Bruders Aristobulos bald völlig vergessen, so daß Alexander Jannai geradezu als der erste und zugleich höchst erfolgreiche König der Juden nach dem Babylonischen Exil erschien.

Dessen einstige Geburtskonstellation wurde aber noch erheblich überboten von jener, die für das Jahr 7 v. Chr. in Aussicht stand. Von dem Prinzen, dessen Geburt durch die letztere am Himmel angekündigt zu sein schien, durfte man also erst recht eine lange und glückliche Regierungszeit, ja die Aufrichtung des „Messias-Reiches" erhoffen.

Mancher Leser wird bei den letzten Worten nachdenklich innehalten: Was soll damit gemeint sein?

Zur Beantwortung dieser Frage ist ein kurzer Rückblick auf ein halbes Jahrtausend vorderasiatischer Geschichte notwendig.

Im Jahre 586 v. Chr. hatte Nebukadnezar II. von Babylon nach der Eroberung und Zerstörung Jerusalems den König von Judäa und mehrere tausend jüdische Gefangene, die Elite des Volkes, nach Babylon deportiert. Kaum ein halbes Jahrhundert später (539/38 v. Chr.) unterwarf der Perserkönig Kyros der Große das Neubabylonische Reich und erlaubte den Juden den Wiederaufbau des Tempels in Jerusalem, der namentlich auch von Dareios I. und Artaxerxes I. gefördert wurde. In mehreren Wellen kehrten Gruppen jüdischer Rückwanderer in die Heimat ihrer Vorväter zurück.

Aber viele Enkel und Urenkel der einstmals Deportierten waren in Mesopotamien heimisch geworden und blieben trotz der Heimkehrerlaubnis dort, ohne deshalb ihrem angestammten religiösen Glauben untreu zu werden. Vielmehr trugen sie dazu bei, daß die von ihren Propheten wachgehaltene Hoffnung auf das einstige Kommen eines Erlösers, des Messias, auch außerhalb des Judentums bekannt wurde.

Die aktive Toleranz mehrerer Perserkönige gegenüber dem Wiederaufbau des Tempels in Jerusalem war wohl teilweise darin begründet, daß sie, obwohl nicht strenge Monotheisten, unter dem Einfluß der monotheistischen Religion Zarathustras dem Gott Ahura-Masda einen herausragenden Rang zuerkannten. Wenn die Einleitungssätze des königlichen Dekrets am Anfang des Buches Esra (1, 2) richtig überliefert sind, dann war Kyros offenbar überzeugt, daß sein „Herr des Himmels" und der von den Juden verehrte Jahweh ein und derselbe Gott seien. Darum wurde der Tempelbau von dem König nicht nur geduldet, sondern geradezu befohlen.

Mit dem binnen weniger Jahrzehnte zu größter Machtentfaltung aufgestiegenen Perserreich verbreiteten sich auch die Magier über ganz Vorderasien. Ursprünglich waren sie eine Priesterkaste, die auf die monotheistische Lehre Zarathustras eingeschworen war. Mehrere Schriftsteller des klassischen Altertums sprechen mit Hochachtung von der Sittenstrenge und dem Erkenntnisstreben der Magier. Obwohl sie anscheinend eine Art Geheimbund bildeten, waren sie mindestens in späterer Zeit nicht mehr auf eine bestimmte Nationalität beschränkt, und gerade ihr

Erkenntnisstreben machte sie aufgeschlossen sowohl für wirkliches oder vermeintliches Wissen in Sternkunde und Sterndeutung als auch für Lehren und Prophezeiungen anderer monotheistischer Religionen. Aus der Apostelgeschichte (8, 9–24) bekannt ist der Magier Simon, der Christ wurde, dann aber von Petrus hart gerügt wurde, weil er meinte, die Gewalt zur Herabrufung des Heiligen Geistes um Geld kaufen zu können.

Gleichfalls aus der Apostelgeschichte (13, 6 ff.) erfahren wir von einem anderen Magier, der auf der Insel Zypern lebte und ausdrücklich als Jude bezeichnet wird. Eigentlich hieß er Barjesus, hatte sich aber den Magiernamen Elymas zugelegt. Vor dem Prokonsul kam es zu einer heftigen Auseinandersetzung zwischen ihm und dem Apostel Paulus.

Obwohl diese zwei Magier (die deutsche Einheitsübersetzung nennt sie „Zauberer") vom Standpunkt des sich ausbreitenden Christentums her verurteilenswert waren, mögen sie doch als Beispiele dafür dienen, wie weit verstreut es damals Magier gegeben hat. Auch sieht man daran, daß längst nicht mehr alle gebürtige Perser waren.

Demnach darf man es als sehr wahrscheinlich ansehen, daß die letzten babylonischen Sternkundigen sich dem Geheimbund der Magier angeschlossen hatten. Die Tatsache, daß sie zum Unterschied von den Sterndeutern der Blütezeit des babylonischen Staatswesens keine priesterlichen Titel mehr führten, steht in Einklang mit der Ablehnung jedes Opferkultes, welche zu den Grundsätzen der Lehre Zarathustras gehörte. Aus diesem Grund mochte ihnen das Diaspora-Judentum, in dem es gleichfalls keinen Opferdienst mehr gab, sogar als eine geläuterte Form dieser Religion erschienen sein, deren Ethik ihnen zusagte und für deren prophetisch begründete Zukunftserwartungen sie aufgeschlossen waren.

Unter diesen Voraussetzungen lag für die Magier der Gedanke nahe, den Zeitpunkt der Erfüllung messianischer Weissagungen auf astrologischem Weg zu suchen. Was etwa schon in naher Zukunft geschehen sollte, hatten jüdische Schriftgelehrte aus den Werken der Propheten erschlossen. Wann? – das glaubten jene Magier durch Deutung außergewöhnlicher Planetenerscheinungen sagen zu können. Nach dem Wortlaut des Magierberichts meinten sie, in dem glanzvollen Abendaufgang Jupiters mit Saturn am 15. September 7 v. Chr. das Himmelszeichen für die Geburt des ersehnten Messias-Königs erkannt zu haben.

Es wäre aber ein Mißverständnis, dieses Datum mit dem tatsächlichen Geburtstag Jesu gleichzusetzen, den die Magier vor ihrer Ankunft in Bethlehem gewiß nicht erfahren haben konnten. Wir werden später (Seite 85 ff.) eine bestimmte historische Überlieferung besprechen, die uns genauer darüber unterrichtet.

Eine Antwort auf die Frage, ob bloßer Zufall oder höhere Fügung die Magier trotz der Differenz zwischen dem astrologisch erwarteten und dem wirklichen Geburtstag Jesu zeitgerecht nach Bethlehem gelangen ließ, liegt jenseits der Zuständigkeit von Astronomie und Geschichtswissenschaft. Mit Recht darf man aber vermuten, daß die Zeit des Aufbruchs von Babylon von den Magiern so geplant war, daß sie mit Sicherheit ihr Reiseziel erreichen konnten, bevor die beiden Planeten auf der Wanderung im Tierkreis wieder nach Osten umkehren würden. Außerdem mochten die Tage um den westlichen Stillstand Jupiters den Magiern als besonders geeignet für die Darbringung ihrer Huldigung erschienen sein. Daher war es wohl kein Zufall, daß sie gerade am 12. November 7 v. Chr. in Bethlehem ankamen.

Von Babylon nach Bethlehem

Die Magier, deren eigener Bericht in die Kindheitsgeschichte Jesu eingeflossen ist, standen also in der wissenschaftlichen Tradition der babylonischen Astronomie und Astrologie. Freilich mag es unter den damals dort lebenden Sternkundigen gewisse weltanschauliche Unterschiede gegeben haben. Vielleicht waren nicht alle eines Sinnes über die ins Religiöse hineinragende Deutung der nahe bevorstehenden Begegnung von Jupiter und Saturn. Nur wenige mögen felsenfest überzeugt gewesen sein, daß diesmal ein alle Vorgänger überragender König der Juden zur Welt käme, um das Messianische Friedensreich aufzurichten. Vielleicht waren es nur zwei oder drei Männer, die daraufhin bereit waren, die beschwerliche und gefahrvolle Reise nach Palästina anzutreten, um dem neugeborenen König zu huldigen.

Gerade die Huldigung vor einem Kleinkind als Zweck eines großangelegten Unternehmens erscheint vielen modernen Menschen wie ein orientalisches Märchen: wunderschön erdacht – aber ganz wirklichkeitsfern.

Doch es gibt historisch gesicherte Fälle ähnlicher Art, die geeignet sind, solche Bedenken zu zerstreuen. Als Beispiel aus der europäischen Geschichte des Mittelalters sei an die Krönung des Prinzen Ladislaus (Posthumus) zum König von Ungarn erinnert. Er war ein halbes Jahr nach dem plötzlichen Tod seines Vaters, des Königs Albrecht von Ungarn, Böhmen und Deutschland, zur Welt gekommen, und es ging dabei nicht nur darum, die formelle Rechtsgrundlage für eine im übrigen unangefochtene Vormundschaftsregierung der Königin-Witwe Elisabeth zu schaffen. Vielmehr galt es, durch die eilige Krönung des Kronprinzen die Ansprüche des Königs Wladyslaw von Polen auf den ungarischen Thron zu vereiteln.

Natürlich war es unmöglich, die von Gold und Edelsteinen schwere Stephanskrone wirklich auf den Kopf des kaum drei Monate alten Säuglings zu setzen. Sein Großoheim, der mächtige

Graf von Cilli als Palatin, konnte das Kleinod nur eine Weile über der zuvor vom Bischof gesalbten Stirn des Kindes schwebend halten. Auch die symbolischen Handlungen, durch die üblicherweise die neu gekrönten Könige ihre Machtfülle demonstrierten, konnte das Kleinkind nicht einmal andeutungsweise vollziehen.

Um aber trotzdem die Rechtskraft der erfolgten Krönung dem Staatsvolk – vertreten durch die Bewohner der Krönungsstadt Stuhlweißenburg (Székesfehérvár) – eindrucksvoll darzutun, mußte die Huldigung der Magnaten in feierlichster Form ausgeführt werden. Dies geschah am 15. Mai des Jahres 1440.

Eine gewisse orientalische Parallele dazu kann man in der Erwählung eines Knaben zum jeweils neuen Dalai Lama sehen, der zum Zeitpunkt des Todes seines Vorgängers geboren sein soll. Auch dabei wird ein unmündiges Kind von einem ehrfürchtigen Zeremoniell umgeben, dessen Sinn es noch nicht erfassen kann. Dessen Veranstalter legitimieren sich dadurch zu einer Art geistlicher Regentschaft, bis der mit aller Sorgfalt erzogene Knabe selbst den ihm zukommenden Aufgaben gewachsen ist.

In einem ähnlichen Sinn mögen auch die Magier des Evangeliums sich verpflichtet gefühlt haben, den von „seinem Stern" angekündigten Messias aufzusuchen, um ihm zu huldigen. Vielleicht hatten sie ursprünglich beabsichtigt, als astrologische Ratgeber dauernd in seine Dienste zu treten.

Wahrscheinlich hat der Evangelist in seiner Quelle keine näheren Angaben über die Reiseroute der Magier vorgefunden. Es sei aber ausdrücklich darauf hingewiesen, daß an dieser Stelle noch kein Wort von einer Leitung durch Voranziehen des Sterns steht, wie es einer verbreiteten naiven Vorstellung entspräche. In Jerusalem angekommen, beriefen sich die Magier lediglich auf den Aufgang seines Sterns; darin ist in kürzester Form zusammengefaßt, daß Zweck und Ziel ihrer Reise astrologisch erschlossen waren.

In groben Zügen kann man ihren Reiseweg etwa folgendermaßen rekonstruieren: Wohl spätestens um die Zeit des Abendaufgangs der beiden Planeten, der auf Mitte September 7 v. Chr. vorausberechnet war (Abbildung 5 Seite 37), verließen sie auf Reitkamelen ihre Heimat. Großes Gefolge konnten sie gewiß nicht aufbieten. Höchstens von einigen Dienern begleitet, mußten sie sich einer Handelskarawane anschließen, um den rechten Weg nicht zu verfehlen und im Falle von Gefahren aller Art etwas Schutz zu genießen.

Ihr Ritt führte sie zuerst einige Tagereisen weit entlang des Euphrats aufwärts, ehe sie auf einer Karawanenstraße in wochenlanger Wanderung durch die Syrische Wüste über Palmyra Ende Oktober nach Damaskus gelangten. Zu den naturbedingten Strapazen einer solchen Reise durch wasserarme und menschenleere Einöden kam die Gefahr, im Grenzgebiet ihres Landes in Gefechte zwischen den stets unruhigen Parthern einerseits und den Römern und deren Vasallen andererseits hineinzugeraten. Als dritte Partei kamen dazu die arabischen Nabatäer in der Gegend um Damaskus. Diese Stadt am Knotenpunkt mehrerer Handelsstraßen wurde von zeitgenössischen Schriftstellern meist zu Arabien gerechnet, obwohl sie schon von Pompejus um 63 v. Chr. formell in die römische Provinz Syrien eingegliedert worden war.

Begreiflicherweise trafen in dieser betriebsamen Grenzstadt Anhänger verschiedener Religionen und Weltanschauungen zusammen, die nicht nur miteinander Handel trieben, sondern zuweilen auch Gelegenheit zu fruchtbarem Gedankenaustausch fanden.

Ein solcher wurde auch von einer kleinen Gemeinschaft dort lebender Magier gepflegt. Bei diesen fanden die Ankömmlinge aus Babylon wohl gastfreundliche Aufnahme, als sie zu einigen Rasttagen in Damaskus haltmachten. Vor ihren Gesinnungsfreunden hielten sie den Zweck ihrer Reise gewiß nicht verborgen. Mehr als viele Worte bewies schon der Wagemut ihres Unternehmens eine unerschütterliche Überzeugung, daß – um die Zeit des Abendaufganges „seines Sterns" – der Messias zur Welt gekommen sei.

Im Gespräch über die außergewöhnlich seltenen Umstände der damaligen Planetenbegegnung werden die aus Babylon gekommenen Sternkundigen auch auf die 854jährige gemeinsame Großperiode von Jupiter und Saturn hingewiesen haben, die in ihrem Zahlensystem, wie früher schon erwähnt, (14),(14) geschrieben wurde. Diese bemerkenswerte Zahl könnte ein dem Judentum nahestehender damaszenischer Gesprächspartner in folgender Weise aufgegriffen haben:

Der Messias wurde bekanntlich als Nachkomme des Königs David erwartet, dessen Name in hebräischer Schrift die „Summe" 14 ergab. Weil nämlich die Buchstaben auch als Zahlenzeichen verwendet und im Althebräischen nur die Konsonanten geschrieben wurden, war D–V–D = 4+6+4 = 14. Daran anknüpfend konnte infolge einer leicht möglichen Unterschätzung des Zeitraumes zwischen Davids und Christi Geburt als ein weiteres positives Argument die Vermutung auftauchen, daß die gleiche ungewöhnliche Geburtskonstellation einst vor 854 Jahren den Ahnherrn David und nunmehr den Messias auszeichnete.

In unserer nüchternen Betrachtungsweise war das bloß ein zufälliges, in der Schlußfolgerung – David nur 854 Jahre vor Christus – sogar irreführendes Spiel mit Zahlen und Buchstaben. Im Sinne der damaligen Zahlenmystik mag es jedoch ein sehr gewichtiges Argument gewesen sein.

Die Zahl 14 und der Name des Königs David werden zwar in dem uns überlieferten „Magierbericht" selbst nicht genannt. Aber die Rechtfertigung für die Annahme, daß einer der beteiligten Magier etwa in der eben beschriebenen Weise argumentiert haben könnte, ergibt sich aus der früher (Seite 21) erwähnten künstlichen Periodisierung der Stammreihe Jesu auf zweimal 14 Generationen von König David abwärts. Der Evangelist könnte einen Hinweis auf die mysteriöse Zahl (14),(14) in dem ihm vorliegenden originalen Magierbericht vorgefunden, aber als 14 + 14 Generationen in sein Werk eingefügt haben. Diese Umdeutung erfolgte wahrscheinlich der leichteren Verständlichkeit halber in didaktischer Absicht. Man braucht dem Evangelisten nicht zu unterstellen, daß er einem Mißverständnis erlegen sei.

Freilich wird in den Gesprächen der Magier in Damaskus auch manches skeptische Wort von seiten der alterfahrenen Gastgeber geäußert worden sein. Denn hier war man genauer als in Babylon über die Lage in Jerusalem unterrichtet. Herodes war als argwöhnischer und grausamer Greis bekannt; seine erwachsenen Söhne von fünf verschiedenen Frauen kämpften erbittert gegeneinander um die Gunst ihres alten Vaters und um möglichst reichliche Beteiligung an seinem Testament. Eben hatte der älteste Sohn Antipater wieder die Oberhand über seine lange Zeit bevorzugt gewesenen Halbbrüder Alexander und Aristobulos gewonnen. Als Söhne der Hasmonäerprinzessin Mariamne, einer Urenkelin des Alexander Jannai, hatten sie von ihrer Geburt an als legitime Erben der Königswürde gegolten. Auch waren sie in weiten Kreisen des Volkes beliebter als Herodes selbst.

Aber gerade auf diesen Umstand stützten sich die von Antipater gegen sie ausgestreuten Verleumdungen, daß sie ihren altgewordenen Vater verdrängen wollten und ihm sogar nach dem Leben trachteten. Daraufhin hatte Herodes die beiden ins Gefängnis werfen lassen. Es war um diese Zeit ungewiß, ob sie im Kerker noch lebten oder ob sie auf Anstiften Antipaters bereits ermordet worden waren.

Allerdings war auch bekannt, daß Herodes für die Kinder aus der Ehe seiner Nichte Berenike mit seinem Sohn Aristobulos eine bei ihm ganz ungewöhnliche Zuneigung hegte. Daher lag der Gedanke nahe, daß vielleicht der jüngste dieser Enkel vom Schicksal dazu bestimmt wäre, trotz aller Ränke seiner zahlreichen Verwandten einst das Königreich seines Großvaters zu erben und es neuen glücklichen Zeiten entgegenzuführen. Durch seine Großmutter Mariamne stammte der junge Prinz ja von Alexander Jannai ab; wie dieser war er der jüngste Sohn seines Vaters und würde seinem Ahnen wohl auch darin gleichen, daß er erst nach Überwindung vieler Hindernisse auf den Thron gelangen könnte. Alles das, teils Tatsache, teils möglicherweise Zukunftsvermutung der Magier, konnte als Folge einer jedenfalls ähnlichen Geburtskonstellation betrachtet werden.

Die Frage, ob dieser Prinz in direkter männlicher Linie – also über seinen Großvater Herodes – von König David abstammte, mußte bei diesen Überlegungen schon deshalb völlig in den Hintergrund treten, weil man über die Vorfahren des Herodes weder in Babylon noch in Damaskus etwas Genaues wußte. Ein weitaus höheres Gewicht wurde begreiflicherweise den astrologischen Schlußfolgerungen beigemessen. Diese und das bloße Dasein eines königlichen Knaben, auf den sie zu passen schienen, waren gewiß geeignet, nicht nur die aus Babylon gekommenen

Magier in ihren Erwartungen zu bestärken, sondern auch manche ihrer Gesinnungsfreunde in Damaskus zu ermutigen, sich ihnen anzuschließen. Eine außerbiblische Quelle, von der später (Seite 80) zu sprechen sein wird, rechtfertigt nämlich die Annahme, daß wenigstens einer der Magier aus Damaskus kam und wieder dorthin zurückgekehrt ist.

Schon in Damaskus zur Vorsicht gemahnt, haben die Magier ihre Frage nach dem neu geborenen König der Juden wohl nicht öffentlich in den Gassen von Jerusalem ausgerufen, wie man bei allzu naiver Auffassung des biblischen Textes vielleicht meinen könnte. Vielmehr werden sie versucht haben, möglichst unauffällig Erkundigungen darüber einzuholen, was Herodes mit den halbverwaisten Kindern des Aristobulos und der Berenike, zumal mit dem jüngsten Prinzen, im Sinn hätte.

Aber die bloße Anwesenheit einer kleinen Gruppe von Fremden, die offensichtlich keine harmlosen Kaufleute waren, genügte, um sie den Spitzeln des Herodes verdächtig zu machen. Vermutlich erhielt dieser schon sehr bald die Meldung, daß einige von weit her gekommene Magier in der Stadt seien, die einen neu geborenen König der Juden hier suchten.

Als Herodes das hörte, erschrak er
und mit ihm ganz Jerusalem.

Herodes hatte politische und persönliche Gründe, erschrocken zu sein. Er war seinerzeit von den Römern zum König der Juden ernannt worden, damit er als Einheimischer dieses widerspenstige Volk mit mehr Geschick als römische Beamte seinen Auftraggebern gefügig machen sollte. Er selbst wiederum brauchte den Rückhalt an der römischen Weltmacht, um sich gegen alle Widerstände behaupten zu können. Nun kamen diese Magier aus dem Reich der Parther, der gefährlichsten Feinde der Römer. Man mußte also vor diesen Leuten auf der Hut sein.

Ihre Suche nach einem neu geborenen König der Juden beunruhigte Herodes um so mehr, als sich in seinem Denken eine oberflächliche Kenntnis der jüdischen Religion mit allerlei Aberglauben mischte. Daher mußte er damit rechnen, daß die fremden

Gelehrten wirklich etwas in den Sternen gelesen hatten, wovon er selbst noch nichts wußte. Welche verschiedenen Möglichkeiten er dabei erwogen hat, blieb natürlich sein Geheimnis.

Schließlich gewann in ihm der Gedanke die Oberhand, daß ein „König der Juden", dem Sterndeuter eines fernen Landes schon so bald nach seiner Geburt huldigen wollten, nur jener Messias sein könne, dessen baldiges Kommen viele fromme Juden inständig herbeisehnten. Käme dieser König einmal zur Macht, dann würde er Herodes samt seiner ganzen Dynastie hinwegfegen, so wie er seine Vorgänger, die Hasmonäer, bis auf den letzten Mann ausgerottet hatte.

Es bleibt noch die Frage, warum „ganz Jerusalem" mit dem König in Schrecken geriet. Die Antwort ist einfach: Schon in relativ ruhigen Zeiten war Herodes ein äußerst harter Tyrann. Immer aber, wenn er irgendeine Bedrohung seiner Machtstellung abwehren zu müssen meinte, war es vollends unberechenbar, wen seine Verdächtigungen und grausamen Gerichtsverfahren treffen würden.

Aber es war nicht des Herodes Art, gleich in Panik zu geraten. Kaltblütig zog er zuerst Erkundigungen ein, um je nach deren Ergebnis entweder sofort zu handeln oder sich vorsichtig abwartend zu verhalten.

Er ließ alle Hohenpriester und Schriftgelehrten des
Volkes zusammenkommen und erkundigte sich bei ihnen,
wo der Messias geboren werden sollte.
Sie antworteten ihm: In Bethlehem in Judäa;
denn so steht es bei dem Propheten (Micha):
Du Bethlehem im Gebiet von Juda
bist keineswegs die unbedeutendste
unter den führenden Städten von Juda;
denn aus dir wird ein Fürst hervorgehen,
der Hirt meines Volkes Israel.

Diese Auskunft war dem König wahrscheinlich nicht unerwünscht. Er mag sich gedacht haben, daß unter Umständen die Reaktion der Magier auf diese Mitteilung entlarvend sein könnte, wenn sie mit hinterhältigen Absichten nach Jerusalem gekommen wären. Jetzt verfügte er über eine einleuchtende Begründung, um die Fremden, deren Anwesenheit schon einige Unruhe bei der Bevölkerung ausgelöst hatte, aus der Hauptstadt zu entfernen. Der Evangelist fährt folgendermaßen fort:

Danach berief Herodes die Magier heimlich (zu sich)
und erfragte von ihnen genau die Zeit
des erschienenen Sterns.
Dann schickte er sie nach Bethlehem und sagte:
„Geht und forscht sorgfältig nach dem Kind.
Wenn ihr es gefunden habt, berichtet mir,
damit auch ich hingehe und ihm huldige."

In dem biblischen Bericht sind nur die wichtigsten Punkte erwähnt. Sicherlich hat der König ein längeres Gespräch mit den Magiern geführt und sie dabei scharf beobachtet, um herauszufinden, ob ihre Antworten aufrichtig klangen oder ob sie etwa untereinander heimlich Winke austauschten, um falsche Aussagen aufeinander abzustimmen. Wahrscheinlich hat er auch Fragen über die politische Lage im Partherreich eingestreut. Aber der Evangelist erwähnt nichts dergleichen, weil es im gegenwärtigen Zusammenhang unwesentlich ist.

Über Planeten und Tierkreiszeichen besaß der König wohl gewisse Kenntnisse allgemeiner Art. Aber er war sicherlich nicht in der Lage, so eingehende Fragen zu stellen, daß die Magier gezwungen gewesen wären, ihr Wissen um die beiden Höhepunkte der Planetenbegegnung, den Abendaufgang und den westlichen Stillstand, preiszugeben. Ganz im Sinne einer weit verbreiteten Meinung fragte Herodes vor allem nach dem ersten Erscheinen des Sterns. Darauf konnten die Magier natürlich sofort antworten: „Am 13. Tag des Monats Adar(u) vorigen Jahres" (= 15. März 7 v. Chr.); denn dieser Monatsname war im babylonischen und im jüdischen Kalender fast gleichlautend, und in beiden lag zwischen dem Frühaufgang Jupiters und dem Tag der Audienz (12. November 7 v. Chr.) ein Neujahrstag – babylonisch 2. April, hellenistisch-jüdisch 26. September. Herodes wird daraus geschlossen haben, daß der königliche Knabe nun etwa acht Monate alt wäre.

Im übrigen mag er den Eindruck gewonnen haben, daß diese Magier hochgebildete, etwas weltfremde und politisch ungefährliche Idealisten waren. Wenn die Sterne nicht logen und die Schriftgelehrten sich nicht geirrt hatten, dann war anzunehmen, daß in Bethlehem wirklich ein etwa acht Monate alter Knabe zu finden wäre. Den wollte der arglistige König jedenfalls so unauffällig wie möglich in seine Gewalt bringen. Mit der heuchlerischen Versicherung, daß auch er dem geheimnisvollen Messiaskönig seine Huldigung darbringen wollte, schickte er die Magier als vermeintlich ahnungslose Handlanger seiner finsteren Pläne nach Bethlehem. Sie sollten auskundschaften, wer dieses Kind und seine Eltern wären und diese selbst mit der Ankündigung des huldvollen Königsbesuches in Sicherheit wiegen.

Nachdem sie den König angehört hatten,
brachen sie auf. Und sieh, der Stern,
den sie in dem Aufgang gesehen hatten,
zog ihnen voraus, bis er im Gehen stehenblieb
oben darüber, wo das Kind war.
Als sie den Stern erblickten, wurden sie froh
in großer Freude gar sehr.

Herodes hatte trotz seiner Verstellungskunst das Vertrauen der Magier nicht gewinnen können. Zweifel quälten sie, was er mit dem Hinweis auf Bethlehem bezweckte und ob er ihnen die biblische Weissagung, auf die er sich dabei berief, wirklich sinngetreu mitgeteilt hatte. Jedoch blieb ihnen keine andere Wahl, als dem Befehl des Königs zu folgen. Vielleicht hatte Herodes sogar einen Söldner seiner Leibwache mitgeschickt, der die Magier zu dem richtigen Tor in der Westmauer der Stadt (Abbildung 8a, Seite 40) geleiten sollte, um sich zu vergewissern, daß sie Jerusalem wieder verlassen hätten.

Außerhalb dieses Stadttores wandte sich die Straße bald in weitem Bogen südwärts gegen Bethlehem. Den Weg dorthin, kaum 10 km, konnte man auf Reittieren leicht in zweieinhalb

Stunden zurücklegen. Als die Magier nach der Audienz bei Herodes sich reisefertig gemacht hatten, stand die Sonne schon tief im Südwesten. Kaum war sie an diesem 12. November 7 v. Chr. untergegangen, da erblickten die Pilger den Stern – zuerst natürlich den glänzenden Jupiter allein, etwas später auch dicht daneben den Saturn – ungefähr 50 Grad hoch über dem Horizont fast genau in der Richtung des Weges, auf dem sie entlangritten. Es sah aus, als zöge er ihnen voran.

Freilich wußten die Magier so gut wie wir, daß es kein wirkliches Vorangehen des Sterns war. Aber in der tiefen Niedergeschlagenheit wegen der in Jerusalem erlebten Enttäuschung erschien ihnen der Stern in diesem Augenblick wie eine himmlische Bestätigung dafür, daß sie nun doch auf dem richtigen Weg waren. Das war es, was sie mit unbeschreiblich großer Freude erfüllte. Auch jene Leser, denen die griechische Sprache fremd ist, werden vielleicht den überquellenden Jubel heraushören aus dem Klang der Worte: „... echáresan charàn megálen sphódra," (auf deutsch: sie wurden froh in großer Freude gar sehr.") Besser als in einer schön geglätteten Übersetzung kommt darin die Unmittelbarkeit des Umschlagens der Gefühle von bangem Zweifel in frohe Gewißheit zum Ausdruck. Man kann annehmen, daß der Evangelist diese oder ähnliche Worte bereits in dem ihm vorliegenden originalen Magierbericht gefunden und von dort übernommen hat.

Die freudige Gewißheit, nun dem ersehnten Ziel nahe zu sein, wurde bald darauf noch bestärkt durch ein Phänomen, das die Magier nicht – wie den Stillstand Jupiters gegenüber dem Fixsternhintergrund an jenem Abend – vorausberechnet haben konnten, sondern das sie völlig überraschte: Kurz nach 18.30 Uhr (Ortszeit), als die Dämmerung in dunkle Nacht übergegangen war, zeigte sich zwischen Süden und Südwesten ein zarter, unscharf begrenzter Lichtkegel, das Zodiakallicht. Von Jupiter, der im Süden nächst der Spitze des Kegels stand, schien ein Lichtstrom auszugehen, welcher nach unten hin zugleich breiter und heller wurde. Deutlich hoben sich von der Basis des Lichtkegels die Umrisse der Hügelkette und beim Näherkommen auch die flachen Dächer einzelner Häuser von Bethlehem ab. Vom Einbruch der Dunkelheit an bis zu dem mehr als zwei Stunden späteren Aufgang des Mondes wies die Achse des Lichtkegels beständig auf dieselbe Stelle des Horizonts und zeichnete dadurch einen kleinen Teil der Ortschaft, zuletzt vielleicht sogar ein bestimmtes Haus vor den umliegenden aus. Es ergab sich der Anschein, als wäre der Stern selbst stehengeblieben über der Stelle, wo das Kind war (vgl. die Abbildungen Seite 38 und 39 und das Kapitel „Zodiakallicht", Seite 92).

Dies war um so erstaunlicher, als man die fortwährende Drehung des Himmels an markanten Sternbildern, beispielsweise an dem Pegasus-Viereck rechts oberhalb des Lichtkegels, deutlich sehen konnte. Das himmlische Uhrwerk ging unaufhörlich weiter. Nur Jupiter mit Saturn schienen davon ausgenommen zu sein.

Den Magiern mußte das wie ein Wunder erscheinen. Der Stern, dessen vorausberechnete Erscheinungen Zeitpunkt und Ziel ihrer Reise entscheidend bestimmt hatten, sandte nun einen Strom seines Lichts herab auf ein unscheinbares Haus, in dem eine schlichte Handwerkerfamilie mit ihrem noch nicht einmal einjährigen Sohn lebte.

Streng wissenschaftlich betrachtet war an allen diesen Himmelserscheinungen nichts Wunderbares; es war ein rein zufälliges Zusammentreffen der folgenden durchaus natürlichen Umstände: Nur für Reisende, die sich ungefähr von Norden her Bethlehem näherten, konnte der in diesen Abendstunden kulminierende Jupiter als himmlischer Wegweiser erscheinen. Dann war da das von den Magiern annähernd richtig vorausberechnete, fast gleichzeitige Stehenbleiben der beiden Planeten gegenüber dem Sternhintergrund; die Mängel der babylonischen Theorie hatten übrigens zur Folge, daß nach deren Ergebnissen sowohl die berechneten Zeitpunkte als auch die zugehörigen Längen im Tierkreis sogar noch näher beisammen lagen, als es dann tatsächlich der Fall war. Ferner kam als notwendige Voraussetzung dafür, daß der Untergangspunkt des Zodiakallichts stundenlang fast an der gleichen Stelle des Horizonts verharrte, die Jahreszeit – um Mitte November – hinzu. Endlich konnte diese zarte Lichterscheinung nur gesehen werden, wenn der Mond spät genug aufging. Aus diesem Grund konnte man nur am 12. November

7 v. Chr. das sich langsam über der gleichen Stelle des Horizonts aufrichtende Zodiakallicht so, wie es die schematische Abbildung Seite 38 zeigt, ungestört bis 21 Uhr Ortszeit beobachten. Am vorhergehenden Abend hätte es der Mond schon fast eine Stunde früher völlig überstrahlt. Immerhin hätte das scheinbare „Stehenbleiben" schon eindrucksvoll genug gewirkt, wenn man es nur eine Stunde lang hätte beobachten können.

Das astronomisch-chronologisch festgestellte Datum der Ankunft der Magier in Bethlehem ist demnach der Abend des 12. November 7 v. Chr. mit einer Toleranz von höchstens einem Tag vorher oder nachher.

Ebenso wichtig wie diese genaue Datierung ist aber auch der Gesamteindruck, den wir von den astronomischen Aussagen des „Magierberichts" im Evangelium nach Matthäus gewonnen haben: Von den Magiern teils vorausberechnete, teils unvermutet wahrgenommene Himmelserscheinungen werden darin ohne legendenhafte Übertreibungen knapp und sachgemäß bezeichnet. Es scheint mir ausgeschlossen, daß ein Legendendichter der damaligen Zeit so treffsicher gerade die bemerkenswertesten Erscheinungen im Zusammenhang mit der Jupiter-Saturn-Begegnung zu einer frei erfundenen Erzählung hätte ausgestalten können.

Und sie gingen hinein in das Haus,
sahen das Kind mit Maria, seiner Mutter,
warfen sich nieder und huldigten ihm.
Dann holten sie ihre Schätze hervor
und brachten ihm Gold, Weihrauch und Myrrhe
als Gaben dar.

Wenn die Magier, wie vermutet, erst kurz vor Sonnenuntergang Jerusalem verlassen und im letzten Drittel des Weges vielleicht eine Weile innegehalten hatten, um das (scheinbare) Stehenbleiben des Sterns über Bethlehem zu bestaunen, kamen sie dort gegen 20 Uhr an. Das war unter damaligen Verhältnissen und in dieser Jahreszeit schon eine recht späte Stunde. Sicher waren die meisten Ortsbewohner schon zur Ruhe gegangen.

Einer glaubwürdigen außerbiblischen Überlieferung zufolge (Näheres Seite 82) war jedoch Joseph mit Abreisevorbereitungen beschäftigt. Aus diesem Grund brannte noch eine Öllampe in seinem kleinen Haus, deren Lichtschein durchs Fenster nach außen drang und die Aufmerksamkeit der Magier auch dann auf sich zog, wenn die breite Basis des Zodiakallichtes vielleicht eine ganze Häusergruppe umfaßt hätte. Zudem hat wohl Joseph, alarmiert durch das Geräusch der späten Ankömmlinge, vor der Tür Nachschau gehalten. So war er vielleicht der erste in Bethlehem, den die Magier ansprechen konnten.

In Frage und Antwort zwischen Joseph und den Magiern werden diese ihm sicher die über seinem Haus anscheinend stehengebliebenen Sterne (Jupiter und Saturn) gezeigt haben. Es wird aber auch wohl bald ausgesprochen worden sein, daß der äußerlich schlichte Zimmermann sich seiner königlichen Abstammung von David durchaus bewußt war. Daher durfte er die Frage der Fremden nach einem neu geborenen König der Juden ohne langes Bedenken, obwohl sicherlich mit einiger Verwunderung, auf seinen kleinen Adoptivsohn beziehen und die Magier eintreten lassen.

Gleichfalls nach ernst zu nehmender außerbiblischer Überlieferung war der Jesusknabe damals bereits zehn Monate alt. Er konnte an der Hand seiner Mutter stehen und war gewiß imstande, zwar nicht in Worten, aber durch Lächeln, kindliche Jubellaute und Gesten seiner Freude über die goldglänzenden Geschenke, Münzen oder Schmuckstücke erkennbaren Ausdruck zu geben.

Die Magier mochten bis dahin im Ungewissen gewesen sein, ob der durch die Nähe des Saturn ausgezeichnete Abendaufgang Mitte September oder schon der Frühaufgang Jupiters im März als himmlisches Zeichen für die Geburt des Messiaskönigs zu gelten hätte. Aber auch, wenn sie letzterenfalls einen etwa acht Monate alten Knaben zu finden erwartet hatten, muß sie das bereits zehn Monate alte Jesuskind durch seinen Entwicklungsstand in höchstes Erstaunen versetzt haben. Zusammen mit dem vermeintlichen Wunder des über Bethlehem stehengebliebenen Sterns wurden so die letzten Zweifel an der außerordentlichen künftigen

Bestimmung dieses Kindes zerstreut. Überwältigt von Freude und ungeachtet der kargen Umgebung brachten ihm die Magier ihre Verehrung dar und legten ihm die mitgebrachten Geschenke zu Füßen.

Flucht vor Herodes

Weil sie (die Magier) im Traum davor gewarnt wurden,
zu Herodes zurückzukehren,
zogen sie auf einem anderen Weg heim in ihr Land.
Als sie fortgegangen waren, erschien dem Joseph
im Traum ein Engel des Herrn und sagte: Steh auf,
nimm das Kind und seine Mutter und flieh nach Ägypten!
Bleibt dort, bis ich dir etwas anderes auftrage.
Denn Herodes wird das Kind suchen, um es zu töten.
Da stand Joseph in der Nacht auf und floh mit dem Kind
und dessen Mutter nach Ägypten.

Die hier zitierten Sätze folgen im Evangelium nach Matthäus unmittelbar aufeinander. Aber sie sind offenbar verschiedenen Quellen entnommen. Der erste Satz bildet den Abschluß des „Magierberichts"; mit dem zweiten setzt der Evangelist die Wiedergabe des „Josephsberichts" fort. In beiden wird ein Traum als ausschlaggebend für den Entschluß zum eiligen Aufbruch bezeichnet. Aber nur im „Josephsbericht" wird ausdrücklich ein Engel als Überbringer des göttlichen Befehls genannt. Hingegen bleibt es offen, von welcher Art der Traum war, durch den die Magier davor gewarnt wurden, nach Jerusalem zu Herodes zurückzukehren.

Nach den schon in alter Zeit entstandenen Legenden und den ihnen folgenden künstlerischen Darstellungen soll es freilich gleichfalls ein Engel gewesen sein, der den Magiern die Rückkehr zu Herodes verbot. Aber diese hatten wahrlich genügend natürliche Gründe, die auch bei wacher Überlegung eine Rückkehr nach Jerusalem bedenklich erscheinen lassen mußten und sich begreiflicherweise in der Nacht zu warnenden Traumgeschichten verdichten konnten. Denn das Auftreten des Herodes in der Audienz wird nicht dazu angetan gewesen sein, die Magier alles vergessen zu lassen, was ihnen schon früher über seinen finsteren

71

Charakter, seine Verschlagenheit und Grausamkeit bekannt geworden war. Auch die ängstliche Zurückhaltung, die wohl alle Bewohner Jerusalems den Fremden gegenüber zeigten, war beredter als laut ausgesprochene Beschwerden über den alten Tyrannen.

Wichtig, vielleicht sogar entscheidend für die Beurteilung der Lage durch die Magier waren aber auch astrologische Erwägungen. Diese beschränkten sich gewiß nicht einzig und allein auf die Begegnung zwischen Jupiter und Saturn, sondern sie mußten auch die Erscheinungen der anderen Planeten mit einbeziehen. Eine wesentliche Rolle dabei spielte wohl das Verhalten des Mars, dessen Lauf durch die Tierkreiszeichen sie aus einem sicherlich auf ihre Reise mitgenommenen Kalendertäfelchen ersehen konnten. Einen übersichtlich geordneten Auszug daraus zeigt Tabelle 2 (Seite 142). Wie man daraus sieht, stand Mars dem Jupiter bei dessen Frühaufgang am Himmel ungefähr gegenüber. Wenn der eine Planet im Osten aufging, sank der andere im Westen in die Tiefe. Da Mars um diese Zeit die Phase seines Abendaufgangs bereits überschritten hatte, war seine Helligkeit im Schwinden begriffen, was nach einer alten babylonischen Deutungsregel als günstiges Vorzeichen galt. Dieses wurde noch dadurch bekräftigt, daß gleichzeitig Jupiters Helligkeit in den folgenden acht Monaten beträchtlich zunahm.

Als dieser Planet auf dem Höhepunkt seines Glanzes zusammen mit Saturn im Abendaufgang erschien, war Mars rund 120 Grad von den beiden entfernt. Der Längenunterschied von einem Drittel des Tierkreisumfangs wäre nach einer vielleicht schon von den spätbabylonischen Sterndeutern angenommenen Regel als zusätzlicher günstiger Aspekt zu bewerten gewesen.

Aus den vorausberechneten Kalendereintragungen für die folgenden Monate konnten die Magier ersehen, daß sich der Abstand zwischen Jupiter und Saturn einerseits und Mars andererseits rasch verringerte. Es schien, als ob dieser feindselige Planet den Stern des Messias verfolgte und etwa zu Anfang des zwölften babylonischen Monats Adaru (20. Februar 6 v. Chr.) durch sein Dazwischentreten die zuvor glückverheißende Konstellation zerstören würde.

Äußerst unwahrscheinlich ist die Ansicht mancher moderner Autoren, die in dieser recht lockeren Ansammlung (englisch: „massing") von drei Planeten, denen sich am 20. Februar abends die schmale Sichel des zunehmenden Mondes vorübergehend beigesellte, geradezu die glückbringende Bekrönung der „Großen Konjunktion" erblicken wollen. Denn dem babylonischen Kalender zufolge erreichte und überholte Mars im Zeichen Fische nur den Saturn, während er den mittlerweile in den Widder eingetretenen Jupiter erst viel später einholen konnte, und bei der Betrachtung am Himmel war diese kleine Planetenansammlung durchaus kein „prächtiges Schauspiel", wie bisweilen behauptet wird. Denn man konnte es nur bei noch heller Abenddämmerung nach Sonnenuntergang kurze Zeit dicht über dem Westhorizont sehen. Die Helligkeit des Mars war schon weit unter die des Saturns gesunken. Außerdem standen diese zwei Planeten erheblich tiefer und gingen früher unter als Jupiter, der allein noch durch seinen schönen ruhigen Glanz auffiel.

Natürlich haben die Magier auch die Kalenderangaben über den Stern des flüchtigen Glücks, die Venus, beachtet. Sie gelangte etwa zwei Wochen nach dem östlichen Stillstand Jupiters in Gegenschein zu diesem. Von Beginn des babylonischen Kalenderjahres 305 an eilte sie hinter Mars her, als ob sie dessen schädlichen Einfluß durch ihre Nähe ausgleichen wollte. Aber dazu kam es nicht. Nachdem Venus den Mars im Zeichen Skorpion beinahe eingeholt hatte, blieb sie gegenüber den Hintergrundsternen stehen und kehrte um. Noch bevor die Magier zur Zeit des zweiten Jupiterstillstands in Bethlehem eintrafen, verschwand Venus vom Abendhimmel, um einige Tage später als Morgenstern wieder zu erscheinen.

Alle diese Vorgänge waren in der gedrängten Kürze der Kalendereintragungen für die Sternkundigen im voraus leicht zu überblicken und gewissermaßen in Zeitraffung noch eindrucksvoller als bei dem von Abend zu Abend nur langsam sich ändernden Anblick des Himmels. Was den Mars im besonderen anbelangt, mochten die Magier anfangs im ungewissen gewesen sein, welche irdische Macht sie durch ihn, den feindseligen Gegenspieler, am Himmel angedeutet sehen sollten. Nachdem sie

73

aber Herodes kennengelernt hatten, nahm die zuvor nur unklar geahnte Bedrohung des Messias in der Person dieses gewalttätigen Herrschers konkrete Gestalt an.

Wie die Magier selbst ihre astronomischen Berechnungen und Kalenderdaten lange im voraus unter astrologischen Gesichtspunkten überdacht haben, so sind auch wir in den vorstehenden Betrachtungen dem zeitlichen Ablauf der Ereignisse vorausgeeilt. Bei der Ankunft der Magier in Bethlehem war am Himmel noch kaum eine Andeutung drohender Gefahr zu sehen. Der Stern des Messias stand nahe seiner Kulmination über dem Städtchen und schien es mit einem Strom seines Lichtes, dem Zodiakallicht, zu übergießen. Nur dicht über der Kuppe eines Hügels im Südwesten zeigte sich vor Einbruch der Dunkelheit bis etwa 20 Uhr der Planet Mars, aber infolge der horizontnahen Lufttrübung nur noch als Stern zweiter Größe, schwächer sogar um rund eine Größenklasse als Saturn, und um fast vier Größenklassen geringer als Jupiter.

Die sternkundigen Magier mögen den Mars in dieser Stunde mit zwiespältigen Gefühlen betrachtet haben. Einerseits mag ihnen in der Freude über das eben erreichte Ziel ihrer Reise die geringe Helligkeit und der frühzeitige Untergang dieses Planeten als Symbol der relativen Bedeutungslosigkeit und des bald zu erwartenden Endes der Herrschaft des Herodes erschienen sein. Andererseits wurden sie daran erinnert, daß nach den vorausberechneten Kalenderangaben die Verfolgung des Messiasterns durch Mars noch nicht zu Ende war. Zudem war es ihnen klar, daß jedenfalls die reale Macht noch völlig in den Händen des herrschenden Königs lag und unheildrohend gegen das heimliche Königskind von Bethlehem stand.

Die Befolgung des Befehls, diesen Fund dem Herodes zu melden, wäre unter solchen Umständen blanker Verrat gewesen. Aber mit der mehrdeutigen Antwort, sie hätten keinen Königssohn in Bethlehem finden können, würde der argwöhnische Herrscher sich gewiß nicht zufriedengeben. Das stand den Magiern klar vor Augen. Wie in vielen anderen Fällen würde er auch ihnen durch Drohungen und sogar unter Folterqualen die Mitteilung des ganzen Sachverhalts abpressen und sie zuletzt im Kerker umbringen lassen.

Mit Recht sahen also die Magier für sich selbst und für die Heilige Familie keinen anderen Ausweg als die Flucht nach verschiedenen Richtungen. Gewiß gaben sie beim Abschied dem Joseph eine Erklärung für die Kürze ihres Verweilens in Bethlehem und zugleich eine Warnung vor den Nachstellungen des Herodes. Welchen Weg sie selbst eingeschlagen haben, um unter Umgehung von Jerusalem in ihre Heimat zu gelangen, wissen wir nicht.

Der uns vorliegende „Magierbericht" beruht wahrscheinlich auf Aufzeichnungen eines jener Magier, die sich den babylonischen Sternkundigen, wie wir vermuten dürfen, in Damaskus angeschlossen haben und wieder dorthin zurückgekehrt sind. Dessen Söhne könnten bereits Mitglieder der bekanntlich (nach Apostelgeschichte 9, 2) sehr alten dortigen Christengemeinde geworden sein und dem Evangelisten das Papyrusblatt mit dem kurzen Eigenbericht ihres Vaters über sein bedeutungsvollstes Erlebnis übermittelt haben. Vielleicht war schon dieser Originalbericht in der gemeingriechischen Verkehrssprache verfaßt, so daß er weitgehend unverändert in das Evangelium übernommen werden konnte. Dies würde die inhaltliche Genauigkeit auch bezüglich der astronomischen Aussagen begreiflich machen. Eine außerbiblische Nachricht, die an anderer Stelle vorgelegt werden soll (Seite 79), macht einen derartigen Sachverhalt wahrscheinlich.

Durch den Besuch der Magier war die Heilige Familie aus ihrer schützenden Verborgenheit herausgehoben worden. Doch zugleich wurde Joseph vor den infolgedessen drohenden Gefahren gewarnt. Als verantwortungsbewußter Familienvater hatte er gewiß auch schon vor der Mahnung des Engels Fluchtpläne erwogen und dementsprechende Vorbereitungen getroffen.

Ägypten war nicht nur geographisch ein dem Süden Judäas relativ nahe gelegenes Ausland, sondern es war schon seit Jahrhunderten gewissermaßen der traditionelle Zufluchtsort von politisch und religiös verfolgten Juden. Sehr viele sind dauernd dort geblieben. Sie haben sich der unter den Ptolemäerkönigen blühenden hellenistischen Kultur angepaßt und auch ihre Heilige Schrift, das Alte Testament, ins Griechische übersetzt. In der Stadt Leontopolis im östlichen Nildelta (nördlich des heutigen Kairo) war sogar ein ehemals heidnischer Tempel den Juden

75

überlassen und von ihnen prachtvoll ausgebaut worden. Allerdings wurde der dortige Opferkult von den Hohepriestern in Jerusalem nicht als rechtmäßig anerkannt. Aber Joseph durfte jedenfalls damit rechnen, in Ägypten bei Glaubensgenossen gastfreundliche Aufnahme zu finden.

Der in einer Traumvision empfangene Befehl des Engels zur Flucht nach Ägypten traf also die Heilige Familie nicht unvorbereitet. Auch stand jeweils während der zweiten Hälfte der dafür in Betracht kommenden Nächte vom 12. auf 13. oder (wahrscheinlicher) vom 13. auf 14. November 7 v. Chr. der noch reichlich halbvolle Mond hoch am Himmel. Daher war es leicht möglich, Bethlehem mitten in der Nacht zu verlassen, ehe das Ausbleiben der Magier dem König Herodes auffiel. Auf den weiteren Etappen der Reise vermied die Heilige Familie jedes ihr unerwünschte Aufsehen wohl am besten, wenn sie ohne Hast bei Tageslicht weiter wanderte. Man darf sicher annehmen, daß Joseph wenigstens einen Lastesel besaß, auf dem Maria mit dem Jesuskind reiten konnte, vielleicht auch einen zweiten, um ihre Habe zu tragen.

Die Entfernung von Bethlehem nach Leontopolis beträgt in der Luftlinie etwa 420 km. Nimmt man im Hinblick auf die tatsächlich merklich längere Wegstrecke und möglicherweise eingeschobenen Rasttage eine durchschnittliche Reisegeschwindigkeit von 15 bis 20 km pro Tag an, dann dauerte diese beschwerliche Wanderung rund drei bis vier Wochen. Der auf die Hauptsachen konzentrierte „Josephsbericht" verliert darüber kein Wort, sondern schließt mit dem Satz: „Dort blieb er (Joseph) bis zum Tod des Herodes." Da Herodes im Frühjahr 4 v. Chr. starb, betrug also die Dauer des Aufenthalts der Heiligen Familie in Ägypten wenigstens zweieinhalb Jahre.

Außerbiblische Nachrichten

Damit haben wir nun den ganzen biblischen Bericht über den Stern von Bethlehem und die Magier aus der Perspektive der um Christi Geburt eben noch in Blüte stehenden spätbabylonischen Sternkunde und im Rahmen der damaligen geschichtlichen Situation betrachtet. Dabei erwies sich der überlieferte Text Wort für Wort als so sachgemäß und durchaus frei von legendären Zutaten, daß als Vorlage dafür der Eigenbericht eines an den Ereignissen unmittelbar beteiligt gewesenen Magiers angenommen werden mußte.

Niemand konnte eine genauere Kenntnis des ganzen Geschehens haben als dieser dem Namen nach unbekannte Berichterstatter. Daher darf man auch in die frühesten außerbiblischen Nachrichten keine hochgespannten Erwartungen setzen. Bestenfalls kann man von diesen eine teilweise Bestätigung oder kleine Ergänzungen des biblischen Magierberichts erhoffen. Eine Auswahl aus den ältesten Überlieferungen wollen wir nun näher betrachten.

Der uns vorliegenden Endredaktion des Evangeliums (um 80 n. Chr.) steht dem Alter nach am nächsten jener Brief, den der Märtyrerbischof Ignatius von Antiochien etwa zwischen 110 und 117 n. Chr. an die Christengemeinde in Ephesus geschrieben hat. Es handelt sich da um ein Lehrschreiben, das auch nach moderner kritischer Prüfung als echt anzusehen ist. Darin findet man die folgenden, hier aus dem Griechischen ins Deutsche übertragenen Sätze:

„Wie wurde er (Christus) den Äonen (d. h. der Welt) geoffenbart? Ein Stern leuchtete am Himmel auf über allen Sternen. Sein Licht war unbeschreiblich und seine Neuartigkeit erregte Befremden. Alle übrigen Sterne zusammen mit Sonne und Mond bildeten einen Reigen um diesen Stern. Er selbst aber übertraf an Glanz alle anderen insgesamt. Und es herrschte Bestürzung, woher diese unvergleichliche neue Himmelserscheinung käme."

Offensichtlich hatte Ignatius keinerlei Kenntnis von dem, was in den Augen der babylonischen Sternkundigen den Planeten Jupiter im Jahre 7 v. Chr. zum „Stern des Messias" gemacht hatte. Er meinte, nur ein völlig neues und über die Maßen helles Gestirn könnte am Himmel Christi Geburt angezeigt haben. Außerdem war die Phantasie des Ignatius wohl nicht unbeeinflußt von der damals verbreiteten Meinung, daß einst bei der Erschaffung der Welt alle Planeten einschließlich Mond und Sonne von einem bestimmten Tierkreiszeichen ihren Ausgang genommen hätten und daß in sehr langen Zeitabständen die Wiederkehr einer solchen Planetenversammlung jedesmal den Beginn eines neuen Zeitalters anzeigen sollte.

Als Besonderheit für den Anbruch der Endzeit, das unter der Herrschaft Christi stehende Zeitalter, wäre nun nach Ansicht des Ignatius noch ein wunderbarer neuer Stern hinzugekommen, der die sieben alten Planeten um sich scharte. Es ist nicht ausgeschlossen, daß sich darin eine ferne Erinnerung an eine, freilich nicht näher bekannte, historische Nova oder Supernova verbirgt. Zwar findet man in den erhalten gebliebenen Geschichtsquellen des Altertums aus dem Mittelmeerraum keinen Hinweis auf eine etwa um Christi Geburt hier beobachtete Nova. Aber schon seit langem sind aus China Nachrichten bekannt, die nach Ansicht sprachkundiger Fachleute auf eine (oder vielleicht auch zwei verschiedene) Supernovae hindeuten, die im Jahre 5 oder 4 v. Chr. aufgeleuchtet haben und mehr als zwei Monate hindurch sichtbar gewesen sein sollen. Wenn die doch ziemlich dürftigen und unklaren Angaben der ostasiatischen Quellen sinngemäß richtig interpretiert worden sind, müßten dieselben Himmelserscheinungen überall auf der Nordhalbkugel der Erde und natürlich auch in Palästina sichtbar gewesen sein. Falls die Kalenderumrechnung stimmt, sollte sich das auffällige Phänomen während des Aufenthalts der Heiligen Familie in Ägypten gezeigt haben. Die Erinnerung daran könnte schon in ältester christlicher Zeit mit astrologischen Vorstellungen über kosmische Zeitalter und mit dem biblischen Stern der Magier vermengt worden sein. Hingegen war der eigentliche Sinn der Aussagen des Evangeliums über den Stern dermaßen im Geheimwissen der Magier begründet, daß er mit ihnen oder ihren nächsten Nachkommen ins Grab völliger Vergessenheit hinabsank.

Eine gewichtige Bestätigung und Ergänzung des Magierberichts ist dem Philosophen Justinus zu verdanken. Er stammte aus Sichem, dem heutigen Nablus in Palästina, wurde im Verlauf seiner philosophischen Studien in Ephesus Christ, lehrte später in Rom und erlitt dort um 165 n. Chr. den Martertod. Von seinen teilweise nur noch dem Namen nach bekannten Werken sind vor allem Verteidigungsschriften des christlichen Glaubens erhalten geblieben, darunter der „Dialog mit Tryphon", einem hellenistisch gebildeten Juden.

In diesem Werk kommt Justinus mehrmals auch auf die Magier und auf den Stern von Bethlehem zu sprechen. Die zwei ausführlichsten Stellen zu diesem Thema seien hier in wörtlicher Übersetzung aus dem Griechischen wiedergegeben:

(77, 4) „Bald nachdem er (Jesus) geboren worden war, huldigten ihm Magier, die von Arabien hergekommen waren. Zuvor waren sie zu Herodes gekommen, der damals in eurem Land als König herrschte und den eine Redensart „Assyrerkönig" nannte wegen seiner gottlosen und gesetzesverachtenden Sinnesart."

(78, 1–7) „Zu diesem König Herodes kamen damals die Magier von Arabien und sagten, aus einem am Himmel leuchtenden Stern hätten sie erkannt, daß in eurem Land ein König geboren worden sei, und sie seien gekommen, um ihm zu huldigen. Auch bei den Ältesten eures Volkes hatte Herodes sich erkundigt. Diese sagten: In Bethlehem (soll der Messias geboren werden), weil es so bei dem Propheten geschrieben steht: Und du, Bethlehem, im Gebiet von Juda, bist keineswegs die unbedeutendste unter den führenden Städten in Juda; denn aus dir wird ein Fürst hervorgehen, der Hirt meines Volkes.

Nun zogen die von Arabien gekommenen Magier nach Bethlehem, huldigten dem Kind und brachten ihm als Geschenk Gold und Weihrauch und Myrrhe. Nachdem sie dem Knaben in Bethlehem gehuldigt hatten, wurde ihnen in einer Offenbarung befohlen, nicht mehr zu Herodes zurückzukehren."

An einer anderen Stelle schreibt Justinus:

(106, 1–4) „Und daß er (Christus) wie ein Stern aufgehen wollte

79

aus dem Geschlecht Abrahams, hat Moses offenbar gemacht, indem er sagte: Ein Stern wird aufgehen aus Jakob und ein Fürst aus Israel. – Und ein anderes Schriftwort sagt: Seht ein Mann, Aufgang ist sein Name. Als nun zugleich mit seiner Geburt auch am Himmel ein Stern aufging, wie in den Denkwürdigkeiten seiner Apostel geschrieben steht, erlangten durch diesen die Magier aus Arabien Kenntnis davon. Sie kamen herbei und huldigten ihm.“

In dem letztgenannten Zitat gibt Justinus zu erkennen, daß ihm neben dem buchstäblichen Verständnis einer Bibelstelle auch die Möglichkeit einer sinnbildlichen Deutung nicht unbekannt war. Nimmt man aber die eben zitierten Abschnitte im ganzen, dann lassen sie keinen Zweifel daran, daß der altchristliche Gelehrte Justinus den Stern und das Kommen der Magier nach Bethlehem aufgrund des Evangeliums nach Matthäus als unbestreitbare historische Tatsachen betrachtet hat. Seine schlichte Ausdrucksweise ohne kämpferische Ausfälle gegen etwa denkbare Einwände rechtfertigt überdies die Annahme, daß weder er selbst als Kenner der örtlichen Verhältnisse noch sein jüdischer Gesprächspartner irgendeinen Grund hatten, diese Tatsachen als solche in Frage zu stellen. Die historische Wirklichkeit des Geschehens und dessen tiefere heilsgeschichtliche Bedeutung werden als zusammengehörig betrachtet.

Justinus unterstreicht aber die Tatsächlichkeit des Vorgangs noch dadurch, daß er die im Bibeltext genannte astronomische Himmelsrichtung Osten durch einen bestimmten geographischen Begriff, nämlich Arabien, verdeutlicht. Damit war aber nicht die riesige Einöde der Arabischen Halbinsel zwischen dem Roten Meer und dem Persischen Golf gemeint, sondern gewisse Gebiete, die heute zu Syrien oder zum Irak gehören. Besonders galt damals die geschäftige Handelsstadt Damaskus als westliches Ausfalltor des arabischen Nabatäerreiches. Wie schon früher gesagt, haben vermutlich dort die wenigen aus Babylon angekommenen Sternkundigen einige Rasttage eingelegt, nachdem sie unter dem Schutz einer größeren Karawane die nördlichen Randgebiete Arabiens durchquert hatten. Die Darlegungen des Justinus lassen außerdem die Annahme zu, daß sich ein oder mehrere Magier aus

80

der „arabischen" Stadt Damaskus den Ankömmlingen aus Babylon angeschlossen haben und später nach ihrem eiligen Aufbruch von Bethlehem wieder an den Ort ihrer Herkunft zurückgekehrt sind.

Es ist wichtig, darauf hinzuweisen, daß Justinus nichts über die Nationalität der Magier sagt; er nennt sie nämlich nicht „Araber", sondern er schreibt nur, daß sie „von Arabien hergekommen" sind. Um den Grund für diese Unterscheidung zu verstehen, muß man bedenken, daß damals „Babylon" bei den Juden und bei den aus dem Judentum hervorgegangenen ersten Christen geradezu der Inbegriff gottloser Lasterhaftigkeit war. Selbst wenn Justinus vielleicht wußte, daß einige von diesen Magiern Sternkundige aus Babylon waren, durfte er das hier nicht aussprechen, wenn er den missionarischen Hauptzweck des Dialogs mit dem Juden Tryphon nicht gefährden wollte. Möglicherweise hat auch schon der Evangelist aus dem gleichen Grund sein genaueres Wissen um die Herkunft der Magier mit der unbestimmten Umschreibung „von den Aufgängen" verhüllt, um bei seinen Lesern keinen Anstoß zu erregen.

Mindestens zweieinhalb Jahre lang lebte die Heilige Familie bis nach dem Tod des Herodes in einer der jüdischen Ansiedlungen in Unterägypten. In dieser Zeit ist Joseph gewiß öfter als nur einmal gefragt worden, was ihn zur Flucht aus seiner Heimat genötigt hat. Vor allem das Erlebnis mit den Magiern mußte er immer wieder erzählen. Einer der Zuhörer hat es dann, so gut er konnte, aufgeschrieben und es auf diese Weise seinen später zum Christentum bekehrten Nachkommen überliefert.

Diese Originalhandschrift, die knapp die beiden Seiten eines aus Papyrusmark gepreßten kleinen Schreibblattes füllte, ist freilich längst verlorengegangen. Aber schon im zweiten Jahrhundert sind diese schlichten Notizen von einem ägyptischen Judenchristen, dessen wahren Namen niemand kennt, in das „Buch des Jakob" (später „Proto-Evangelium Jacobi" genannt) hineingenommen worden. Die älteste erhaltene Abschrift dieses im übrigen größtenteils legendären Werkes, der Papyrus-Codex Bodmer V, wird aufgrund des Schriftcharakters etwa auf den Anfang des vierten Jahrhunderts, die Zeit Constantins des Großen,

81

datiert. Auf den Seiten 41 bis 43 steht dort in unbeholfenem Griechisch (möglichst wortgetreu übersetzt) folgendes:

„Und sieh, Joseph machte sich bereit zum Aufbruch in Judäa. Und es entstand große Unruhe in Bethlehem in Judäa; denn es kamen Magier, die fragten: Wo ist der König der Juden? Wir haben nämlich seinen Stern in dem Aufgang gesehen und sind gekommen, um ihm unterwürfig zu huldigen. Auch Herodes, als er das hörte, geriet in Schrecken. Und er schickte Diener und schickte (sie) ihnen (den Magiern) nach. Und die gaben ihm Auskunft über den Stern. Und sieh, sie sahen Sterne (!) in dem Aufgang und die zogen ihnen voran, bis sie in die (Wohn-) Grotte eintraten. Und er stellte sich zu dem Haupt des Knaben. Und als die Magier (den) Stehenden sahen neben seiner Mutter Maria, holten sie aus ihrem Reisesack Geschenke, Gold und Weihrauch und Myrrhe. Und von dem Engel gewarnt, kehrten sie auf einem anderen Weg heim in ihr Land.

Als Herodes dann merkte, daß er von den Magiern getäuscht worden war, geriet er in Zorn. Er schickte seine Mordknechte und befahl ihnen, alle Neugeborenen von zwei Jahren und darunter zu töten. Und als Maria hörte, daß die Neugeborenen getötet werden sollten, fürchtete sie sich. Sie nahm den Knaben und wickelte ihn in Windeln und warf ihn in eine Ochsenkrippe."

Bei der Beurteilung des Quellenwertes dieser Stelle ist folgendes zu bedenken. Zunächst ist kaum anzunehmen, daß Joseph selbst griechisch gesprochen hat. Seine in einer aramäischen Mundart dargebotene Erzählung mußte also von einem beider Sprachen kundigen Glaubensgenossen schlecht und recht ins Griechische übersetzt worden sein. Jenem äyptischen Judenchristen des zweiten Jahrhunderts, der den Urtext dieser primitiven Übersetzung in das „Buch des Jakob" hineinverwob, war aber auch der Wortlaut des Magierberichts im Evangelium nach Matthäus bereits vertraut. Daraus sind einige fast wörtliche Übereinstimmungen mit diesem zu erklären.

Desto mehr Beachtung verdienen die verbliebenen Unterschiede. Im Magierbericht nach Matthäus wird Joseph nicht erwähnt. Im Papyrus-Text steht er gewissermaßen als Gewährsmann an erster Stelle. Da lesen wir, daß er, vielleicht in Vorahnung

82

nahe bevorstehender Gefahr, zu später Abendstunde noch mit Abreisevorbereitungen beschäftigt war, als das Geräusch der in Bethlehem eingetroffenen Magier ihn aufschreckte. Wohl nicht ohne Bangen hielt er Nachschau vor der Tür der ärmlichen Wohngrotte. Erst von den Magiern erfuhr er, daß diese mit ihrer Frage nach dem König der Juden bereits in Jerusalem Aufregung verursacht hatten und zu Herodes geholt wurden, um ihm Auskunft über den Stern zu geben.

Und nun folgt die wichtigste Besonderheit dieses Papyrus-Textes, auf die der Schreiber durch die vorangestellten Worte „Und sieh!" nachdrücklich aufmerksam gemacht hat. Unter den gegebenen Umständen war es wohl selbstverständlich, daß die Magier Joseph die zwei Sterne (Planeten) zeigten, die ihnen durch ihren gleichzeitigen Abendaufgang ein himmlisches Zeichen gegeben hatten und eben jetzt über Bethlehem scheinbar stehengeblieben waren. Weitschweifige astrologische Erklärungen brauchten die Magier hier nicht zu geben; dafür hätte Joseph kaum das nötige Verständnis gehabt. Aber man darf dem glaubenstreuen Mann wohl genug Bibelkenntnis zutrauen, daß er den Hinweis auf den am Himmel glänzenden Jupiter ohne langes Besinnen mit der Messianischen Deutung des Balaam-Spruches in gedankliche Verbindung bringen konnte.

In der Papyrushandschrift vermißt man freilich das griechische Zahlzeichen β' = 2 vor dem Plural „Sterne". Dieser ist jedoch doppelt gesichert durch die deutlich geschriebenen Mehrzahlendungen sowohl beim Substantiv „Sterne" als auch bei dem darauf bezüglichen Verbum „zogen voran". Es kann sich demnach nicht um ein bloßes Schreibversehen handeln, sondern es stellt eine außerbiblische Bestätigung dafür dar, daß unsere Erklärung des Sterns von Bethlehem durch eine ungewöhnliche Planetenbegegnung zutrifft. Umgekehrt spricht diese nur im Papyrus Bodmer V enthaltene Besonderheit dafür, daß uns mitten in diesem sonst größtenteils legendären Werk das Fragment einer wirklich uralten echten Überlieferung bewahrt geblieben ist.

Deshalb verdienen auch die anderen vom Text des Evangeliums nach Matthäus abweichenden Aussagen unsere kritische Aufmerksamkeit. Der Satz „Und er stellte sich zu dem Haupt des

Knaben" ist, formal betrachtet, mehrdeutig wegen des Fehlens eines ausdrücklich genannten Subjekts. Versetzt man sich aber in die gegebene Situation, dann könnte hier ursprünglich wohl Joseph gemeint gewesen sein. Offenbar ließ er nach kurzem Gespräch vor der Grotte die Magier eintreten und stellte sich dann neben oder hinter seinen unmündigen Pflegesohn, gleichsam über dessen Haupt – so die buchstäbliche Übersetzung –, um für ihn den vornehmen Fremden Rede und Antwort zu stehen.

Gerade diese Stelle ist jedoch in fast allen späteren Abschriften und antiken Übersetzungen mehr oder weniger erweitert worden. Und zwar wird entweder eindeutig behauptet, daß der Stern den Magiern sogar ins Innere der Grotte vorausging und sich dort über dem Haupt des Jesusknaben niederließ; oder es heißt in sinngemäßer Angleichung an den Magierbericht nach Matthäus, daß der Stern über der Grotte stehenblieb.

Weiter liest man hier, daß die Magier „den Stehenden sahen neben seiner Mutter Maria". Dies wäre buchstäblich möglich gewesen, wenn die sehr alte Überlieferung zutrifft, daß der 6. Januar der Jahrestag der Geburt Christi ist. Denn unter dieser Voraussetzung wäre Jesus bei der Ankunft der Magier in Bethlehem am 12. November 7 v. Chr. schon rund zehn Monate alt und gewiß imstande gewesen, frei zu stehen. Wir werden darauf später (Seite 89 ff.) noch näher eingehen.

Die Sätze über den Kindermord im Papyrus Bodmer klingen stark an die ihnen entsprechende Stelle im Matthäus-Evangelium (2,16) an. Das Wort „Neugeborene" anstelle von „Knaben" könnte eine unwesentliche Textvariante sein. Es ist leicht begreiflich, daß in jenem ursprünglichen Schriftstück, das in knapper griechischer Zusammenfassung Josephs Bericht über den Besuch der Magier enthielt, weder der Kindermord noch die Flucht der Heiligen Familie nach Ägypten erwähnt waren. Das eine Ereignis wird in Ägypten erst später bekannt geworden sein, und an der Flucht mag Josephs ägyptischer Gesprächspartner nichts Besonderes gefunden haben. Erstaunlicher ist es, daß auch der gleichfalls in Ägypten beheimatete Kompilator des sogenannten Proto-Evangeliums nichts davon zu wissen schien, sondern behauptete, Maria habe erst beim Herannahen der Mordknechte des Herodes ihren kleinen Sohn eiligst in Tücher gewickelt und in eine Ochsenkrippe „geworfen", um ihn auf diese Weise zu verbergen.

Bekanntlich berichtet mit ähnlichen Worten der Evangelist Lukas (2,7), daß Maria das neugeborene Jesuskind eingewickelt und in eine Krippe gelegt habe. Aber dies geschah nach Lukas nicht in der Absicht, das Kind zu verbergen, sondern als bestmögliche Fürsorge in einem Stall, weil in der überfüllten Herberge kein Platz für die Heilige Familie war.

Zur Erklärung dieser merkwürdigen Vermengung von Nachrichten aus den Evangelien nach Matthäus und Lukas wäre es denkbar, daß dem ägyptischen Kompilator von diesen beiden Werken keine vollständigen Abschriften zur Verfügung standen, sondern daß er sie nur bruchstückhaft aus der mündlichen Glaubensverkündigung kannte.

Die früheste bestimmte Nachricht über das Geburtsdatum Jesu, und zwar den 6. Januar, findet man in dem vielseitigen Werk „Stromata" (Teppichgewebe), das der christliche Gelehrte Klemens von Alexandria im letzten Jahrzehnt des zweiten Jahrhunderts verfaßt hat. Bei oberflächlichem Hinsehen möchte man vielleicht meinen, daß bei so großem Zeitabstand zwischen dem Ereignis selbst und der frühesten schriftlichen Nachricht über dessen Datum starke Zweifel angebracht seien. Aber eine genaue Untersuchung des ganzen Textzusammenhanges, in den diese Überlieferung eingebettet ist, macht es doch glaubwürdig, daß Klemens wirklich eine auf den Ägyptenaufenthalt der Heiligen Familie zurückgehende Nachricht kannte.

Zur Chronologie des Erdenlebens Jesu schreibt dieser Gelehrte im ersten Buch seines Werkes „Stromata" folgendes (§ 145,1–6): „Unser Herr wurde geboren im achtundzwanzigsten Jahr (der Alleinherrschaft des Augustus), als sie (die Römer) unter Augustus zum erstenmal Einschreibungen (in Steuerlisten) zu veranstalten befahlen. Daß das wahr ist, steht im Evangelium nach Lukas folgendermaßen geschrieben: Im fünfzehnten Jahr unter Kaiser Tiberius erging der Ruf des Herrn an Johannes, des Zacharias Sohn. Und wiederum bei demselben (Evangelisten): Jesus war, als er zur Taufe kam, etwa 30 Jahre alt. Und daß er nur ein einziges Jahr (die Frohbotschaft) verkünden sollte, auch das steht so geschrieben: Ein Gnadenjahr des Herrn zu verkünden hat Er mich ausgesandt. Das sagte der Prophet (Jesaja) und das Evangelium. Fünfzehn Jahre nun (unter der Regierung) des Tiberius und fünfzehn (unter der) des Augustus, so werden die dreißig Jahre vollendet, bis er zum Leiden kam.

Von dem (Zeitpunkt), da er litt, bis zur Katastrophe (Zerstörung) Jerusalems sind es 42 [richtig: 40] Jahre 3 Monate; und von der Katastrophe Jerusalems bis zum Ende des (Kaisers) Commodus 122 Jahre 10 [richtig wohl: 6] Monate 13 Tage. Es sind also von dem (Zeitpunkt), da der Herr geboren wurde, bis zum Ende des Commodus 194 Jahre, ein Monat, 13 Tage.

Es gibt aber (Leute), die allzu übergeschäftig betreffs der Menschwerdung unseres Erlösers nicht nur das Jahr, sondern auch den Tag angeben, als welchen sie im Jahr 28 des Augustus den fünften Pachon und eine Doppeldekade nennen."

Unmittelbar daran anschließend schreibt Klemens weiter (§ 146, 1–4): „Die von (der gnostischen Sekte des) Basileides feiern auch den Tag seiner Taufe mit vorhergehender Nachtwache unter Betrachtungen. Sie sagen, es sei im fünfzehnten Jahr des Kaisers Tiberius am Fünfzehnten des Monats Tybi, andere wieder, am Elften des selben Monats (gewesen).

Sein Leiden aber verlegen die Genaurechnenden in das sechzehnte Jahr des Kaisers Tiberius, die einen auf Phamenoth 25, die andern auf Pharmouthi 25 [= 7. April 30 n. Chr.]. Andere aber sagen, Pharmouthi 19 habe der Erlöser gelitten.

Ja fürwahr, manche von ihnen sagen, Pharmouthi 24 oder 25 sei er Mensch geworden."

Diese zunächst etwas verwirrend scheinenden Sätze sind nur ein Teil der umfangreichen chronologischen Darlegungen des Klemens. Unmittelbar vorher hat er in ähnlicher Weise die wichtigsten Ereignisse der römischen Geschichte und die Regierungszeiten der Kaiser bis zum Tod des Commodus behandelt. Die zur Zeit der Niederschrift offenbar noch nicht lange zurückliegende Ermordung eines Herrschers, obendrein in der Neujahrsnacht 192 auf 193 n. Chr., war ein allen Zeitgenossen bekannter Fixpunkt.

Um die Schlußweise des Klemens zu verstehen, muß man beachten, daß er die Regierungsjahre des Tiberius nahtlos an die des

Augustus anschließen läßt, während tatsächlich Augustus schon in seinem vorletzten Regierungsjahr seinen Adoptivsohn Tiberius zum Imperator und Mitregenten ernannte. Ferner ist zu bedenken, daß das römische Amtsjahr mit dem 1. Januar begann, die Jahre des Alexandrinischen Kalenders aber Ende August, am 29. oder – alle vier Jahre – am 30. Tag dieses Monats. Endlich hatte Klemens keine andere Möglichkeit als eine sehr enge Auslegung des Ausdrucks „ungefähr dreißig Jahre" im Evangelium nach Lukas. Unter diesen Voraussetzungen ergab sich als vermeintlich sicheres Resultat die an den Anfang gestellte Behauptung, Jesus sei im 28. Jahr des Augustus geboren worden. Klemens und viele spätere christliche Schriftsteller haben nicht bemerkt, daß König Herodes bereits im 26. Jahr des Augustus gestorben war. Im Hinblick auf das vorausgegangene lange Siechtum des Königs konnte also Jesus spätestens im 25. Jahr des Augustus oder früher geboren sein.

Die von Klemens genannte Zahl von 194 Jahren, einem Monat und 13 Tagen zwischen Jesu Geburt und dem Tod des Commodus ist nur scheinbar das Ergebnis einer Addition mehrerer einzeln aufgezählter Summanden. Denn diese sind zum Teil nur in ungefähren Rundwerten genannt und in der Überlieferung auch noch durch irrtümlich angenommene Korrekturen eines späteren Bearbeiters verfälscht. Wir werden gleich sehen, daß Klemens diese „Summe" derart bestimmt hat, daß wieder das 28. Regierungsjahr des Augustus herauskommt, und dazu ein Monatsdatum, für das es eine damals schon nicht mehr völlig verstandene alte Überlieferung gab. Diese könnte sich in ähnlicher Weise wie der im Papyrus Bodmer enthaltene Kurzbericht über den Besuch der Magier in judenchristlichen Gemeinden Ägyptens von Generation zu Generation fortgepflanzt haben; sie sollte etwa gelautet haben: „Geburt Jesu am 15. oder 11. Tybi" ohne eine zugehörige Jahreszahl.

Um aber die Bedeutung dieses „oder" und die Schlußweise des Klemens vollends zu verstehen, muß man einen Umstand berücksichtigen, den auch viele moderne Chronologen übersehen haben. Zur Zeit Jesu und weit darüber hinaus waren in Ägypten nebeneinander zweierlei Kalender in Gebrauch. Die eingesessenen Ägypter, und mit ihnen auch die dort heimisch gewordenen

87

glaubenstreuen Juden, hielten lange an dem althergebrachten „Ägyptischen Jahr" fest, das ausnahmslos 365 Tage, verteilt auf zwölf je 30tägige Monate, und fünf unbenannte Zusatztage enthielt. Daneben aber hatten die Römer, bald nachdem Augustus durch den Sieg bei Aktium über seinen Rivalen Antonius im Jahre 31 v. Chr. die Alleinherrschaft erlangt hatte, den sogenannten Alexandrinischen Kalender so eingerichtet, daß in jedem vierten Jahr ein sechster Zusatztag angehängt und dadurch eine Anpassung an den Julianischen Kalender erreicht wurde.

Aus Papyrusfunden und einigen Monumentalinschriften kennt man nicht nur die genaue Relation zwischen dem Ägyptischen und dem Alexandrinischen Kalender, sondern man weiß auch, daß die Einheimischen jahrzehntelang die Unbequemlichkeit auf sich genommen haben, ihre Geschäftsurkunden mit einem Doppeldatum zu versehen. Für den Geburtstag Jesu hätte dieses gelautet „15./11. des Monats Tybi".

Als Klemens sein Werk „Stromata" am Ende des zweiten Jahrhunderts schrieb, waren Gleitjahr und Doppeldatierungen längst aus dem bürgerlichen Gebrauch verschwunden. Aber für die Zwecke der mathematischen Astronomie und Chronologie waren die genau gleichbleibenden Rundwerte des „Ägyptischen Jahres" zu 365,0 Tagen und der Monate zu je 30 Tagen als sehr zweckmäßig erkannt und den Berechnungen der Planetenerscheinungen zugrunde gelegt worden. Dieses Verfahren hat Klemens wohl von seinem älteren Zeitgenossen, dem berühmten hellenistisch-ägyptischen Astronomen Klaudios Ptolemaios, übernommen.

So verstanden, sind 194 Jahre ein Monat und 13 Tage gleich 194 x 365 + 30 + 13 = 70 853 Tage. Die Todesnacht des Commodus wurde nach ägyptischem Brauch dem Datum des vorhergehenden Tages zugerechnet, nach alexandrinischer Zählweise dem 5. Tybi 222 der Augustus-Ära, nach julianischem Datum dem 31. Dezember 192 n. Chr.. Subtrahiert man davon die eben genannten 70 853 Tage, dann erhält man den von Klemens zweifellos bezielten 11. Tybi im 28. Regierungsjahr des Augustus, gleich dem 6. Januar im Jahre 2 v. Chr..

Während die Anhänger des Basileides offenbar uneins waren,

ob die Taufe Jesu im Jordan am 15. oder am 11. Tybi im fünfzehnten Jahr der Alleinherrschaft des Tiberius stattgefunden habe, hat Klemens den ursprünglichen Sinn des überlieferten Doppeldatums vermutlich erkannt. Dann mußte ihm aber auch klar sein, daß eine viertägige Datumsdifferenz zwar auf den Tag der Geburt Jesu, aber unter keinen Umständen auch noch dreißig Jahre später passen konnte.

Hierin liegt wohl auch der Grund, weshalb Klemens das zu kennzeichnende Geburtsdatum so merkwürdig umschrieben hat: durch die Angabe einer Zeitdifferenz gegenüber einem zeitgenössischen historischen Ereignis war der angenommene Geburtstag Jesu ganz eindeutig bestimmt. Von Eingeweihten ist Klemens offensichtlich richtig verstanden worden. Denn fast einhellig haben spätere Theologen der orientalischen Kirche den 11. Tybi oder dessen Äquivalent in anderen Kalendersystemen als Jahrestag der Geburt Jesu noch lange verteidigt, bis allmählich unter römischem Einfluß der dort symbolisch gewählte 25. Dezember sich allgemein durchsetzte.

Trotz der Sorgfalt seiner chronologischen Studien hat Klemens übersehen, daß im 28. Regierungsjahr des Augustus die Differenz zwischen ägyptischen und alexandrinischen Daten bereits fünf Tage betrug. Ein Doppeldatum 15./11. Tybi konnte es nur vom 21. bis zum 24. Jahr der Augustus-Ära gegeben haben. Einzig das letztgenannte Jahr kommt im gegenwärtigen Zusammenhang in Betracht, denn nur wenige Wochen vor dem 15./11. Tybi eben dieses Jahres hatte die Heilige Familie eine feste Bleibe in Ägypten gefunden.

Aber Jesus war in Bethlehem zur Welt gekommen, wo die in Ägypten gebräuchlichen Kalender unbekannt waren. Wie konnte trotzdem eine wirklichkeitsbezogene ägyptische Tradition seines Geburtstages entstanden sein?

Folgende Lösung dieses Problems bietet sich an: Da der Kalender bei den Juden vor allem der Regelung der religiösen Festzeiten diente, waren dem gesetzestreuen Joseph die Monatsnamen in ihrer Aufeinanderfolge sicherlich geläufig. Er brauchte auch keinen geschriebenen Kalender, um – bei leidlich klarem Wetter – die Neulichtabende und erst recht die hellen Vollmondnächte, also die ersten und die 14. oder 15. Tage jedes Monats festzustellen.

Nun trafen um die Jahreswende 7 auf 6 v. Chr., als die Heilige Familie eben in Ägypten Fuß gefaßt hatte, der nach den Mondphasen ausgerichtete jüdische Monat Tebeth und der vom Mond unabhängige Monat Tybi des althergebrachten Ägyptischen Kalenders zufällig auf den Tag genau zusammen. Folglich könnte Joseph, wenn er am Morgen des 15. Tybi (= 6. Januar 6 v. Chr.) den noch fast vollen Mond dicht über dem flachen Horizont des Nildeltas erblickte, sich daran erinnert haben, daß in der Vollmondnacht des Tebeth vor zwölf Monaten (= 16./17. Januar 7 v. Chr.) Jesus zur Welt gekommen war. War es da nicht beinahe selbstverständlich, daß er seine freudige Erinnerung an die denkwürdige Geburtsnacht in Bethlehem auch seinen Gastgebern mitteilte? Wohl keinem dieser schlichten Menschen kam dabei zum Bewußtsein, daß die Aussage „heute vor einem Jahr" dem Sprecher zwölf natürliche Monate, seinen Zuhörern aber eine Zeitspanne von genau 365 Tagen bedeutete. So prägte sich der Familie des Gastgebers und dessen kleinem Bekanntenkreis frommer Juden das Doppeldatum 15./11. Tybi als Jahrestag der Geburt Jesu ein, während das ihnen gleichgültige Regentenjahr des heidnischen Weltbeherrschers im fernen Rom in Vergessenheit geriet. Eine notwendige Voraussetzung dafür, daß das genannte Datum ihnen wichtig genug erschien, um der Nachwelt überliefert zu werden, war zweifellos gegeben. Denn vermutlich hatte Joseph bereits das Erlebnis mit den Magiern erzählt und dadurch etwas von der göttlichen Sendung seines Pflegesohnes erahnen lassen.

Wenn die eben dargelegten Annahmen zutrafen, dann wäre also Jesus in der auf einen Vormittagsvollmond folgenden Nacht zum Samstag, 17. Januar des Jahres 7 v. Chr., gleich dem 15. Tebeth des Jahres 305 der damals in Judäa gebräuchlichen bürgerlichen Seleukiden-Ära in Bethlehem geboren worden.

Als Jahrestag seiner Geburt in einem von den Mondphasen unabhängigen Kalender ist aber von Anfang an die Nacht vom 5. zum 6. Januar überliefert und von mehreren alten Schriftstellern ausdrücklich genannt worden, z. B. von Epiphanios (um 315 bis 403), dem Metropoliten der Insel Zypern. Dieser erklärte auch, daß Jesus rund drei Jahre vor dem Tod des Herodes geboren worden sei, irrte sich jedoch wieder bezüglich der entsprechenden Jahre der Augustus-Ära.

Unbeabsichtigt deutet auch der nächtliche Beginn der religiösen Feier der Basileidaner darauf hin, daß ursprünglich das Gedächtnis der Geburtsnacht Jesu begangen werden sollte. Erst nachträglich hatte der Gedanke an die Taufe im Jordan als das in theologischer Betrachtungsweise bedeutungsvollere Ereignis die Oberhand gewonnen.

Endlich sei noch hervorgehoben, daß der erste Jahrestag der Geburt Jesu durch eine wirklich einmalige dreigliedrige Datumsgleichung ausgezeichnet war:

15. Tebeth = 15. Tybi Ägyptisch = 11. Tybi Alexandrinisch.

Den Nächstbeteiligten kamen dabei keinerlei kalendarische Umrechnungsprobleme zum Bewußtsein. Denn die Übereinstimmung der Monatsdaten zwischen dem ersten und dem mittleren Glied dieser „Gleichung" sowie eine gewisse Klangähnlichkeit der beiden Monatsnamen legten die Annahme einer beständigen Identität von Tebeth und ägyptischen Tybi nahe, während andererseits die praktische Notwendigkeit ägyptisch-alexandrinischer Doppeldatierungen schon seit 16 Jahren eingebürgert war.

Zufolge dem mit hoher Wahrscheinlichkeit daraus erschlossenen wirklichen Geburtsdatum, dem 15. Tebeth des vorherigen Jahres, war der Jesusknabe an dem astronomisch gesicherten Abend des 12. November 7 v. Chr. rund zehn Monate alt. Dies paßt sehr gut zu der Nachricht aus dem Papyrus Bodmer, daß die Magier „ihn bei seiner Mutter stehen sahen". Die nachfolgende Zwischenzeit bis zum ersten Jahrestag, 55 Tage, läßt genügend Spielraum für die Flucht nach Ägypten und eine Weile des Heimischwerdens der Heiligen Familie im dortigen Exil.

Mit der Feststellung eines historisch glaubwürdigen Geburtstages Jesu wollen wir den ersten Teil dieses Buches abschließen. Fragen, die sich auf die von Klemens beiläufig genannten angeblichen Daten der Menschwerdung und drei unentschieden nebeneinander gestellte Kreuzigungsdaten beziehen, sollen im Zusammenhang mit anderen kalendarischen Problemen später (Seite 100 ff.) behandelt werden.

Das Zodiakallicht

Die Zivilisationsschäden, die unserem ganzen Lebensraum durch hemmungslose Nutzung zugefügt werden, sind heute in aller Munde. Auch den Sternenhimmel können wir, zumal in den dichtbesiedelten Gebieten Europas, längst nicht mehr ebenso schön und eindrucksvoll erleben, wie es früher, etwa bis in die ersten Jahrzehnte unseres Jahrhunderts und nochmals – freilich unter vielen traurigen Begleitumständen – während des Zweiten Weltkriegs und kurz nach diesem möglich war. Nun aber verblassen alle Sterne im Übermaß künstlichen Lichts.

Die bei Tag über unseren Städten lagernde Dunstglocke wird nachts zu einer Lichthaube, die von innen wie von außen betrachtet den einst tiefdunklen Himmel mit einem häßlichen gelbbraunen Schleier überzieht und zugleich den Glanz des ankommenden Sternenlichts schwächt. Dadurch wird der Gesamteindruck des Sternenhimmels auch dann beeinträchtigt, wenn der Beobachtungsort vor direkter Beleuchtung abgeschirmt ist. Noch mehr als die leuchtenden Punkte der Sterne sind davon die großflächigen Himmelserscheinungen betroffen, nämlich die Milchstraße und das Zodiakallicht. Von jener kann man auch unter mäßig günstigen Umständen wenigstens die markantesten Sternwolken noch mit freiem Auge erkennen, und im weiten Gesichtsfeld eines schwach vergrößernden Feldstechers zeigt sich das Gewimmel der Sternwolken und offenen Sternhaufen beinahe noch in voller Schönheit.

Anders beim Zodiakallicht, welches weder wolkenartige Strukturen im Innern noch äußere Umrißlinien zeigt. Es entsteht durch Streuung und diffuse Reflexion des Sonnenlichts an zahllosen fein verteilten Staubpartikeln, die einen zur Hauptebene unseres Planetensystems ungefähr symmetrischen linsenförmigen Raum erfüllen. Ihre Dichte nimmt von innen nach außen nicht sprunghaft, sondern ganz allmählich ab. Für die Flächenhelligkeit des Zodiakallichts ist außer der Teilchendichte natürlich auch der

Abstand von der Sonne als Primärlichtquelle ausschlaggebend. Daher befinden sich die hellsten Partien der ganzen Erscheinung stets nahe dem Horizont des Beobachters. Von da aus längs der Ekliptik und beiderseits von dieser nordwärts und südwärts nimmt die Flächenhelligkeit völlig stufenlos ab. Obwohl die hellsten Teile des Zodiakallichts den glänzendsten Milchstraßenwolken etwa gleichkommen, hebt es sich unter den gegenwärtig in Mitteleuropa herrschenden Verhältnissen kaum jemals von dem durch irdisches Streulicht „verschmutzten" Himmelsgrund ab.

Infolgedessen hatten nicht nur europäische Normalbürger, sondern auch viele Astronomen der gegenwärtig aktiven Generation, noch niemals Gelegenheit, das Zodiakallicht mit eigenen Augen zu sehen. Es ist daher leicht begreiflich, daß viele Leser dieses Buches schwerwiegende Bedenken gegen die von mir angenommene Rolle des Zodiakallichts beim Stehenbleiben des Sterns über Bethlehem hegen werden. Nicht wenige mögen die schematische Zeichnung mit den nur fiktiven Konturen (Seite 38) und die darauf gegründeten Schlußfolgerungen (Seite 66 f) für eine rein theoretische Konstruktion halten, die zwar geometrisch richtig erdacht ist, aber nicht wirklich zu überzeugen vermag.

Um solchen, durchaus verständlichen Zweifeln entgegenzutreten, sei es gestattet, jenes eigene nachweihnachtliche Kriegserlebnis kurz zu erzählen, das mich spontan auf den meiner Überzeugung nach richtigen Gedanken gebracht hat.

Es war um den 20. Januar 1941, als ich bei einer einsam gelegenen Scheinwerferstellung der Fliegerabwehr („Flak") in der „Basse Bretagne" nächtlichen Postendienst zu versehen hatte. Außer der Unterkunftsbaracke der etwa zwölfköpfigen Bedienungsmannschaft gab es im Umkreis von mindestens einem Kilometer kein bewohntes Haus. Von dem spärlichen Lampenlicht in der Baracke drang kein Schimmer durch die dicht geschlossenen Holzläden. Auch in den im weiteren Umkreis gelegenen kleinen Dörfern hätten weder Zivilisten noch einquartierte Soldaten es gewagt, den strengen Verdunkelungsvorschriften zuwiderzuhandeln. Nicht einmal eine dünne Rauchfahne stieg irgendwo aus den Kaminen infolge der allgemeinen Knappheit des Heizmaterials.

93

Völlig ungestört also von Luftverschmutzung oder künstlicher Beleuchtung prangte nach vielen vorausgegangenen trüben Winternächten ein tiefdunkler, sternenbesäter Himmel über mir, als ich aus der Baracke trat, um meinen Vorgänger abzulösen. Nach formloser Wachübergabe und der ersten Runde um die im Freien stehenden Gerätschaften wandte ich meinen Blick nach oben gegen Südwesten, wo damals Jupiter und Saturn nicht lange nach ihrem zweiten Stillstand noch nahe beisammen zu sehen waren. Natürlich erinnerte ich mich daran, daß sich eben in diesen Wochen eine ähnliche Planetenbegegnung am Himmel abspielte wie jene, die wir in diesem Buch kennengelernt haben, wenn auch diesmal um etwa zwei Monate später gegenüber den natürlichen Fixpunkten unseres Kalenderjahres. Jedoch dachte ich nicht im geringsten an das Zodiakallicht, das ja bis dahin noch kein Erklärer des Sterns von Bethlehem in Betracht gezogen hatte.

Um so mehr fühlte ich mich nicht bloß überrascht, sondern geradezu überwältigt von der erstaunlichen Helligkeit des kegelförmigen Lichtscheins, der von Jupiter schräg nach rechts abwärts wie ein leuchtender Strom auszugehen schien, ähnlich wie es Abbildung 7 (Seite 39) zeigt. Vor den horizontnahen, hellsten Partien des Zodiakallichts hoben sich scharf wie in einem Scherenschnitt die Umrisse der Dächer des nächsten Dorfes ab. Ganz spontan kam mir da der Gedanke in den Sinn, daß wohl in ähnlicher Weise einst Jupiter als Stern des Messias sein Licht scheinbar über Bethlehem ausgegossen und den Magiern das Ziel ihrer Pilgerfahrt gezeigt haben könnte.

Erst viel später hatte ich die Möglichkeit, der Sache genauer nachzugehen. Dabei stellte sich dann heraus, daß die Umstände für eine eindrucksvolle Mitwirkung des Zodiakallichts bei dem Sternstillstand über Bethlehem im Jahre 7 v. Chr. sogar erheblich besser waren als jene im Januar 1941. Vor allem verharrt nur im November die Basis des Lichtkegels stundenlang fast unverändert an der gleichen Stelle des Horizonts, während im Januar der Untergangspunkt der Ekliptik sich viel rascher verschiebt.

Wesentlich für die Beweiskraft meines Erlebnisses ist die Tatsache, daß meine Beobachtung nicht etwa durch eine vorher theoretisch ausgeklügelte Überlegung beeinflußt war, sondern daß ein völlig unerwarteter Himmelsanblick mir den Gedanken nahelegte, das Zodiakallicht mit dem Sternstillstand über Bethlehem zusammenzubringen.

Diese Feststellung ist geeignet, um auch einen weiteren Einwand zu erledigen und ihn sogar in ein positives Argument umzumünzen. Es ist gewiß richtig, daß das Zodiakallicht in alter Zeit noch nicht Gegenstand gezielter Beobachtungen oder gar astronomischer Berechnungen war. Dies aber hatte seinen Grund vielleicht nicht nur darin, daß man es für ein Anhängsel der Dämmerung hielt. Vielmehr brachte es die Eigenart der spätbabylonischen wissenschaftlichen Astronomie mit sich, daß die Magier wahrscheinlich recht selten Gelegenheit fanden, das Zodiakallicht auch nur beiläufig zu bemerken. Denn die überwiegende Mehrheit jener Planetenerscheinungen, auf die ihre Aufmerksamkeit sich konzentrierte, mußten bei heller Dämmerung beobachtet werden, zu Zeiten also, da vom Zodiakallicht keine Spur zu sehen ist. Die ersten und die letzten Sichtbarkeiten aller fünf eigentlichen Planeten sind teils kurz vor Sonnenaufgang, teils knapp nach Sonnenuntergang wahrzunehmen, ebenso die Abendaufgänge von Saturn, Jupiter und Mars. Die Stillstände der letztgenannten drei Wandelsterne hingegen konnte man am genauesten bei völlig dunkler Nacht erfassen, wenn auch das Zodiakallicht als vermeintlich letzter Dämmerungsrest verschwunden war.

Um so größer muß demnach der Überraschungseffekt für die Magier gewesen sein, als sie bei ihrem nächtlichen Ritt gen Bethlehem den glänzenden Jupiter mit Saturn „zufällig" am oberen Ende eines für sie seltsamen Lichtkegels erblickten, der überdies „wunderbarerweise" beständig auf die gleiche Stelle des hügeligen Horizonts, ihr Reiseziel Bethlehem, hinzudeuten schien.

Zeitrechnung und Kalenderwesen

Heute empfinden wir es schon beinahe als selbstverständlich, daß man im internationalen Verkehr rund um den Globus den gleichen Kalender verwenden kann, abgesehen von den örtlich verschiedenen religiösen und nationalen Feiertagen. Im Gegensatz dazu ist schon in früheren Kapiteln dieses Buches gezeigt worden, daß allein in dem Teil des Vorderen Orients, der uns hier besonders angeht, mehrere durchaus verschiedene Kalendersysteme in Gebrauch waren, mit denen wir uns jetzt noch etwas genauer befassen wollen.

Die Verschiedenheit der damaligen Kalendersysteme ließ freilich die überwiegende Mehrheit der Zeitgenossen völlig unberührt. Beim Nachrichtenaustausch und im Handelsverkehr von Volk zu Volk mag es wohl manchmal Mißverständnisse gegeben haben. Aber sie blieben wahrscheinlich oft unbemerkt und hatten bei der Langsamkeit damaliger Transportmittel kaum jemals schwerwiegende Folgen. Erst die Geschichtsschreiber der späteren Generationen wurden mit allen Schwierigkeiten konfrontiert, die sich aus der Mannigfaltigkeit der Kalendersysteme und Jahreszählungsweisen ergaben. Es ist wohl begreiflich, daß es bei der nachträglichen Umsetzung von Daten in ein einheitliches Zeitrechnungssystem zu Mißverständnissen kam, die man auch heute kaum entwirren kann. Da ist es ein besonderer Glücksfall, daß uns für den Geburtstag Jesu eine Doppeldatierung vorliegt, für deren unverfälschte Überlieferung gerade der Umstand spricht, daß ihr ursprünglicher Sinn schon sehr bald in Vergessenheit geraten war (s. Seite 89 ff).

Allerdings stand der Julianische Kalender, in den man zumeist Daten umzurechnen pflegt, um sie bequem miteinander vergleichen zu können, bereits seit dem Jahr 45 v. Chr. in Geltung. Gewisse Regelwidrigkeiten in der Handhabung der Schaltjahre, deren auf maximal drei Tage angewachsene Fehler bereits durch Kaiser Augustus wieder bereinigt wurden, dürfen wir hier unberücksichtigt lassen. Neben der offiziellen römischen Kennzeichnung der Jahre mit den Namen der jeweils amtsführenden Konsuln hatte ein Zeitgenosse des Julius Cäsar, der vielseitige Gelehrte Markus Terentius Varro, eine fortlaufende Jahreszählung von dem angenommenen Gründungsjahr Roms an eingeführt, lateinisch „ab urbe condita", abgekürzt „a. u. c.". Sie ist für Darstellungen der Geschichte des Altertums bis in die neuere Zeit gern verwendet worden.

Erst im Jahre 1278 ab urbe condita (= 525 n. Chr.) hat der gelehrte Mönch Dionysius Exiguus in der von ihm nach bereits bewährten Prinzipien erstellten Tabelle künftiger Osterdaten die Bezeichnung der Jahre „nach der Menschwerdung des Herrn", lateinisch „Anni ab incarnatione Domini", kurz „A. D." eingeführt. Der Brauch, auch nach rückwärts gezählte Jahre „vor Christus" anzugeben, statt Ären mit weit in der Vergangenheit liegenden Ausgangspunkten (Epochen) zur Datierung zu verwenden, hat sich erst seit dem 18. Jahrhundert eingebürgert.

Dionysius selbst hat keine nähere Begründung dafür gegeben, weshalb er das Geburtsjahr Christi noch drei Jahre später angesetzt hat als Klemens von Alexandria und andere frühere Gewährsleute. Man darf aber mit Sicherheit annehmen, daß ihm nicht etwa besonders zuverlässige, aber bis dahin geheim gebliebene Nachrichten zur Verfügung standen. Im Gegenteil, sein Ansatz ist schon von den Zeitgenossen stark in Zweifel gezogen worden. Dies ist vor allem daran erkennbar, daß nur die Ostertafel des Dionysius sehr bald in der ganzen christlichen Kirche als maßgebend anerkannt worden ist. Hingegen haben gerade die Päpste und mit ihnen die weltlichen Herrscher des Abendlandes beinahe dreihundert Jahre, ja manche noch länger gezögert, ihre Urkunden in Übereinstimmung mit Dionysius nach „Jahren der Menschwerdung Christi" oder ähnlichen Formeln zu datieren. Im Byzantinischen Reich ist dieses Verfahren sogar niemals in Übung gekommen; vielmehr nahm man dort den griechischen Brauch wieder auf, die Kalenderjahre im Herbst beginnen zu lassen und sie nach einer „Weltära" zu zählen, als deren Ausgangspunkt

(Epoche) der 1. September des Jahres 5509 v. Chr. (nach unserer heutigen Schreibweise) angenommen wurde.

Die Differenz von sieben Jahren zwischen dem Geburtsjahr Christi nach Dionysius und der astronomischen Datierung der Ankunft der Magier in Bethlehem liefert also keinen stichhaltigen Einwand gegen die Grundthese dieses Buches. Ganz im Gegenteil, der zeitweise in Rom tätig gewesene Rechtsgelehrte und christliche Philosoph Quintus Tertullianus (in Karthago um 160 geboren, gestorben um 225) bestätigt indirekt, daß Jesus innerhalb der Jahre 746 bis 748 a. u. c. (= 8 bis 6 v. Chr.) geboren wurde. Mit Bezugnahme auf die vom Evangelisten Lukas berichtete Anlage von Steuerlisten zur Zeit der Geburt Jesu schreibt nämlich Tertullianus in seiner Verteidigungsschrift des Christentums gegen den Gnostiker Marcion folgenden Satz: „Es steht fest, daß die Anlage von Steuerlisten unter Augustus in Judäa betrieben wurde durch Saturninus". (lateinisch: "Census constat actos esse sub Augusto in Judaea per Sentium Saturninum". Adv. Marcionem IV,19, 10). Da Sentius Saturninus in den eben genannten Jahren Statthalter von Syrien war, wie aus römischen Geschichtsquellen einwandfrei hervorgeht, besteht beste Übereinstimmung zwischen den Ergebnissen der historischen und der astronomischen Zeitbestimmung der Geburt Jesu.

Was ist aber mit Quirinius, der nach den Worten des Evangelisten Lukas (2,2) angeblich als Statthalter von Syrien eben den damaligen Zensus in Ausführung des kaiserlichen Edikts veranstaltet haben soll? Nach den Verzeichnissen der höchsten römischen Beamten war Publius Sulpicius Quirinius einer der Konsuln des Jahres 12 v. Chr. Wie üblich übernahm er daran anschließend verschiedene Ämter in den Ostprovinzen des Reiches. Aus Inschriften, die in den Ruinen der antiken Stadt Antiochia in Pisidien (Teil der heutigen Türkei) aufgefunden wurden, geht hervor, daß dieser Quirinius in den Jahren 10 bis 8 v. Chr. Befehlshaber der römischen Truppen im Partisanenkrieg gegen die aufständischen Homonadenser im kilikischen Taurusgebirge war. Erst viel später, nämlich in den Jahren 6 und 7 nach Chr., wirkte er mit Sicherheit als Statthalter von Syrien und trug als solcher die Verantwortung für die Durchführung eines zweiten Zensus. Dessen unmittelbarer Anlaß war die vorausgegangene Absetzung des Tetrarchen (Viertelsfürsten) von Judäa, Archelaos, eines Sohnes des Königs Herodes. Auch Lukas wußte, daß es in der Jugendzeit Jesu zweimal einen solchen Zensus gegeben hatte. Jenen zu Beginn des Erdenlebens Jesu bezeichnete er nämlich in seiner Evangelienschrift ausdrücklich als den ersten, während er den zweiten in anderem Zusammenhang in der Apostelgeschichte (5, 37) beiläufig erwähnte. Der Irrtum bezüglich des obersten, für den ersten Zensus verantwortlichen römischen Amtsträgers war vermutlich schon in jenen älteren, längst verschollenen Aufzeichnungen enthalten, aus denen Lukas nach eigenen Angaben (Lk. 1, 1–3) die Nachrichten geschöpft hat. Es ist nicht verwunderlich, daß der zweite Zensus der Jahre 6 bis 7 n. Chr. bei den davon Betroffenen in lebhafterer Erinnerung blieb als der erste, den Augustus im Anschluß an einen allgemeinen Zensus in Voraussicht möglicher Thronwirren nach dem in Bälde erwarteten Ableben des Herodes in Judäa befohlen hatte. Denn damals mußte der von dauerndem Familienzwist und schwerer Krankheit zermürbte Vasallenkönig bemüht sein, „das Gesicht zu wahren", indem er seine eigenen Steuereinnehmer mit den Beauftragten des Statthalters Sentius Saturninus kollaborieren ließ. Für die Steuerpflichtigen war es völlig gleichgültig, daß hinter der ganzen Sache in letzter Instanz ein Statthalter stand, den sie vermutlich nie zu Gesicht bekamen. Der zweite Zensus war von dramatischeren Umständen umrahmt: Durch die Entthronung des Archelaos und Einsetzung eines römischen Prokurators (Landesverwalter) in Jerusalem hatte Augustus die politische Selbständigkeit Judäas ganz beseitigt. Die Steuern, die nach den Ergebnissen dieses neuen Zensus eingehoben werden sollten, waren künftig unmittelbar an die landfremden Eroberer zu zahlen! Deren Repräsentant, der kaiserliche Statthalter P. Sulpicius Quirinius, wurde zur Zielscheibe des Hasses, den die Anführer eines Aufstandes der Schriftgelehrten und Pharisäer schürten. Die Revolte wurde blutig niedergeschlagen; nur der Name Quirinius blieb gleichsam als Symbol für den verhaßten Steuerdruck der römischen Fremdherrschaft allen in Erinnerung.

Im Zusammenhang mit der Frage nach einem glaubwürdig überlieferten Geburtsdatum Jesu ist an anderer Stelle (Seite 85f) ein Abschnitt aus den chronologischen Darlegungen des Klemens von Alexandria herangezogen worden. Das bemerkenswerte Ergebnis, zu dem eine darin genannte Zahlenangabe uns geführt hat, läßt es gerechtfertigt erscheinen, auch den übrigen dort gebotenen Daten einige Aufmerksamkeit zu schenken.

Zunächst geht es um die verschiedenen Zeitintervalle, als deren Summe sich die 194 ägyptischen Jahre 1 Monat 13 Tage darstellen, welche nach Klemens zwischen der Geburt Jesu und dem Ende des Kaisers Commodus verstrichen sein sollten. Die Belagerung Jerusalems im Jahre 70 n. Chr. hat rund fünf Monate gedauert. Wenn Klemens hier einen bestimmten Zeitpunkt innerhalb dieser Tragödie als die „Katastrophe Jerusalems" hervorhebt, dann meint er offenbar die Erstürmung und Zerstörung des Tempels. Nach rabbinischer Überlieferung geschah dies am 9. Ab, nach dem Augenzeugen Josephus Flavius am 10. desselben Monats. Das Geschichtswerk des letzteren, in griechischer Sprache geschrieben, war Klemens sicherlich bekannt. Den jüdischen Monat Ab setzte er vermutlich gleich dem Alexandrinischen Mesori, was im hier vorliegenden Fall nur um zwei bis drei Tage fehlgeht. Rechnet man also vom 10. Mesori im Jahr 99 der Augustus-Ära bis zum 5. Tybi des 222. Jahres derselben Ära (3. August 70 bis 31. Dezember 192 n. Chr.), dann erhält man als Differenz 122 ägyptische Jahre 6 Monate und 1 Tag.

Die Meinung der Anhänger des Basileides, daß Jesus genau am 30. Jahrestag seiner Geburt von Johannes getauft worden sei, wird von Klemens weder entschieden zurückgewiesen noch ausdrücklich anerkannt. Wenn er es mit dem vorher stark betonten einzigen Jahr der Verkündigung der Heilsbotschaft ganz genau nahm, dann mußte er die Taufe im Jordan etwa sechs bis sieben Wochen vor dem jüdischen Passah-Fest im 15. Jahr des Tiberius annehmen, daran anschließend das vierzigtägige Fasten Jesu in der Wüste und eine öffentliche Lehrtätigkeit, die nur von einem Osterfest bis zum nächstfolgenden dauerte.

Vermutlich hat Klemens, analog zu seiner Vorgehensweise bei der „Katastrophe Jerusalems", das Datum der Kreuzigung, den

100

14. Nisan, mit dem 14. Pharmouthi im 59. Jahr der Augustus-Ära (9. April 30 n. Chr.) gleichgesetzt. Dann erhielt er als Zeitdifferenz zwischen diesen beiden Ergebnissen 40 ägyptische Jahre 4 Monate und 6 Tage.

Klemens wußte freilich, daß die nach den Mondphasen regulierten jüdischen Monate fast niemals genau mit bestimmten Monaten des Alexandrinischen Kalenders übereinstimmten. Daher hat er wahrscheinlich bei den vorgenannten zwei Zeitintervallen es unterlassen, die rechnerisch ermittelten einzelnen Tage anzuschreiben. Den ersten Summanden, nämlich die Zeitdauer des ganzen Erdenlebens Jesu, von der er nur das Anfangsdatum aus genauer Überlieferung kannte, überging er stillschweigend, behielt es aber mit dem Betrag von rund 30 Jahren 3 Monaten im Gedächtnis.

Glücklicherweise haben alle späteren Abschreiber die auf Tage genau ausgeschriebene Endsumme, zumeist wohl ohne deren exakten Sinn zu erfassen, gewissenhaft und unverändert weitergegeben. Aber in unrichtiger Einschätzung des ersten Summanden und wegen der scheinbaren Unvollständigkeit der beiden anderen hat man an diesen irrtümlich „herumgebessert" und dem letzten Zeitintervall die dabei vermißten 13 Tage angehängt. An dieser Stelle erweisen sie sich jedoch bei näherer Betrachtung ganz unzweifelhaft als ungeschickte nachträgliche Zutat. Denn zwölf ägyptische Monate sind nur 360 Tage, also um fünf Tage weniger als ein ganzes Jahr. Richtig gerechnet wären nämlich 193 Jahre 13 Monate + 18 Tage gleich 194 Jahren und einen Monat + 13 Tagen. Bei den übrigen Abweichungen der uns überlieferten Zahlen von den eigentlich erwarteten Werten mögen falsche Überlegungen des Kopisten und undeutliche Zahlzeichen zusammengewirkt haben. Beispielsweise bedeutete in altgriechischen Handschriften das im klassischen Griechisch als Buchstabe nicht mehr verwendete Zahlzeichen F' = 6. Wenn die oberen beiden Querstriche, wie üblich, kurz und obendrein vielleicht etwas undeutlich in der einem mittelalterlichen Mönch vorliegenden älteren Handschrift waren, dann konnte bei der Übertragung leicht I' = 10 (Monate) gelesen werden. In weiterer Konsequenz ergab sich daraus die irrtümliche Änderung von 4 auf 3 Monate

101

beim zweiten Summanden, weil Klemens die Monate und Jahre des gesamten Lebensalters Jesu nicht ausdrücklich hier angegeben hatte. Durch den letztgenannten Umstand ist auch die irrtümliche Änderung von 40 auf 42 Jahre (griechische Zahlenzeichen: M' bzw. MB') erklärbar.

Hinsichtlich der Datierung der Kreuzigung Jesu in das Jahr 16 der Alleinherrschaft des Tiberius stimmte Klemens mit den, wie er sagt, „genau rechnenden" Theologen seiner Zeit überein. Diese waren aber bei der Umrechnung des 14. Nisan in die bei ihnen gebräuchlichen Kalender zu drei verschiedenen Ergebnissen gelangt, zwischen denen Klemens keine sichere Entscheidung treffen konnte.

Aus heutiger Kenntnis kann jedoch bestimmt gesagt werden, daß die Daten 25. Phamenoth und 25. Pharmouthi in dem zur Zeit Jesu noch volkstümlichen Ägyptischen Kalender zu verstehen sind, während der 19. Pharmouthi nur im Alexandrinischen Kalender sinnvoll ist. Alle drei sind je in ihrer Art formal richtig berechnet auf das 16. Jahr des Tiberius, gleichbedeutend mit dem Frühjahr 30 n.Chr. Die nachstehende kleine Tabelle soll den Überblick erleichtern und zeigt außerdem die Umrechnung in den Julianischen Kalender.

Datum des Leidens Jesu im Jahre 30 n.Chr., 14. Nisan
(von drei Zeitgenossen des Klemens von Alexandria nach verschiedenen Annahmen in damalige Kalender umgerechnet)

Daten nach Klemens	Daten Julianisch
Ägyptisch: Phamenoth 25	8. März (Mittwoch)
Ägyptisch: Pharmouthi 25	7. April (Freitag)
Alexandr.: Pharmouthi 19	14. April, Freitag

In den beiden ersten Fällen ist der Wochentagsname eingeklammert, weil es den Zeitgenossen damals kaum möglich war, diesen zu ermitteln; im dritten Fall war der Freitag ein wesentlich mitbestimmendes Element des Monatsdatums. Nach heutiger Kenntnis war Freitag, 7. April 30 n.Chr. mit hoher Wahrscheinlichkeit das historische Datum der Kreuzigung.

Die Erklärung für das Zustandekommen der zwei zuerst genannten Daten, die im Ägyptischen Kalender zu verstehen sind, ergibt sich aus einem Papyrus-Text (Papyrus Carlsberg Nr. 9; Kopenhagen), der um die Mitte des zweiten Jahrhunderts offensichtlich zu chronologischen Zwecken verfaßt worden ist. Er enthält die Daten des sogenannten Altlichts, das heißt der letzten Sichtbarkeit der eben noch kurz vor der Sonne aufgehenden Sichel des abnehmenden Mondes vor dessen Verschwinden in den Strahlen der Sonne, für jeden zweiten Monat des ägyptischen Jahres in einem 25jährigen Zyklus.

Im begleitenden Text sind die Anfangsjahre solcher Zyklen genannt, darunter an erster Stelle das sechste Jahr des Tiberius. Dessen 16. Regierungsjahr ist demnach das elfte im Zyklus. Dort findet man den 10. Tag des Monats Pharmouthi als Altlichtdatum. Grob gerechnet war demnach der 12. dieses Monats mit dem wiedererscheinenden „Neulicht" (zunehmende Mondsichel) Ersttag des jüdischen Monats Nisan und nochmals 13 Tage später (12 + 13 = 25) am 25. Pharmouthi der 14. Nisan. Wie bei jeder derartigen zyklischen Berechnungsweise der von Natur aus merklich verschieden langen Monate mußten günstige Umstände zusammentreffen derart, daß in diesem Fall ein wirklichkeitsgemäßes Ergebnis zustande kam.

Das Schema des Papyrus Carlsberg ist in Ägypten schon mehrere Jahrhunderte früher in vorchristlicher Zeit aufgestellt worden. Es beruht auf der bemerkenswert gut erfüllten Gleichung
25 ägyptische Jahre = 9125 Tage = 309 Lunationen.

Man kann mit gutem Grund annehmen, daß vor allem die volkreichen jüdischen Gemeinden in Unterägypten diese von den ägyptischen Astronomen entdeckte Beziehung und das daraus abgeleitete Schema zur Berechnung der Altlichtdaten schon bald kennengelernt und zur Regulierung ihres religiösen Festkalenders verwendet haben, der auf natürliche Monate (Lunationen) abgestimmt war.

Einen Hinweis auf einen solchen, weit in die Vergangenheit zurückreichenden Gebrauch der ägyptischen Mondzyklen bei den dortigen Juden kann man der Tatsache entnehmen, daß einer der Zeitgenossen Klemens' den 14. Nisan des Jahres 30 bereits am

25. Phamenoth (8. März) annehmen zu müssen meinte. Für die Zeit Jesu war dies sicher nicht zutreffend. Weil aber 120 ägyptische Jahre um 30 (Schalt-)Tage kürzer sind als die gleiche Anzahl Sonnenjahre, entsprach um etwa 100 v. Chr. der Frühlingsmonat Nisan weit eher dem Phamenoth als dem Pharmouthi. Wahrscheinlich in Kenntnis dieser Tatsache zog ein Zeitgenosse des Klemens den 25. Phamenoth als 14. Nisan vor.

Die beiden eben besprochenen Datierungen des Kreuzestodes Jesu mochten in Ägypten schon sehr bald aufgrund des astronomisch recht guten 25jährigen Zyklus der Altlichtdaten gefunden worden sein. Das dritte von Klemens zur Wahl vorgestellte Datum, der 19. Pharmouthi im Alexandrinischen Kalender, traf im Jahre 59 der Augustus-Ära (30 n. Chr.) etwa auf das letzte Mondviertel (21. Nisan); demnach kommt es als historisches Kreuzigungsdatum sicher nicht in Betracht. Dennoch galt es zu Klemens' Zeit wahrscheinlich als gut fundiertes Ergebnis chronologischer Berechnung.

Die dabei eingeschlagene Methode war folgende: Jedenfalls in Ägypten hatte man schon im zweiten Jahrhundert begonnen, sogenannte Ostertafeln aufzustellen, in denen anfangs für jeweils nur eine relativ kurze Zeit, vielleicht 25 Jahre im voraus, die Karfreitage und Ostersonntage im nunmehr allein herrschenden Alexandrinischen Kalender verzeichnet waren. Die „Ostervollmonde" konnte man mit dem nach wie vor brauchbaren 25jährigen Zyklus ermitteln und dann aus dem Ägyptischen in den Alexandrinischen Kalender umrechnen. Bei oberflächlicher Betrachtung der so erhaltenen Daten ergab sich nun trügerischerweise der Anschein, als ob sie sich in einer nur achtjährigen Periode mit unbedeutend kleinen Abweichungen wiederholten. Zusammen mit der Berücksichtigung der Wochentage wurde dadurch eine Periode der Osterdaten im Alexandrinischen (und analog dazu im Julianischen Kalender) vorgetäuscht, die nur 8 x 7 = 56 Jahre umfaßte.

Nun hätte eine prinzipiell durchaus richtig erstellte derartige Ostertafel für das Jahr 227 der Augustus-Ära (198 n. Chr.) das Karfreitagsdatum 19. Pharmouthi (alexandrinisch) enthalten. Der Fehlschluß, daß genau das gleiche Monatsdatum auch auf den allerersten „Karfreitag", das historische Datum der Kreuzigung zuträfe, ergab sich aus der Rückrechnung mit dem Dreifachen der tatsächlich dazu völlig untauglichen 56jährigen Periode. Somit ist die Herkunft der drei von Klemens genannten Daten des Leidens Christi restlos geklärt.

Eine letzte Frage betrifft zwei Daten, die Klemens zwar in diesem Zusammenhang erwähnt, aber als Phantasieprodukte der Gnosis nicht ernstgenommen hat. Vor allem geht es um das angebliche Datum der Menschwerdung des Erlösers, den 25. Pachon im 28. Jahr des Augustus (20. Mai 2 v. Chr.). Schon Fr. Ginzel hat in seinem Handbuch der Chronologie (3. Bd., 195 f.) bemerkt, daß bei gehöriger Beachtung des begleitenden Textes das griechische Wort Genesis hier nicht als Geburt verstanden werden kann, sondern als Menschwerdung im Sinne von Empfängnis. Diese Auffassung findet man in der Kindheitsgeschichte Jesu nach Matthäus (1,18) bestätigt, wo im griechischen Text das Wort Genesis jene Sätze einleitet, die von der übernatürlichen Empfängnis Jesu handeln (1,18–21) und erst am Schluß des Kapitels zu der Nachricht von seiner Geburt hinführen. Übrigens hat sich dieses Datum mit einer geringfügigen Verschiebung auf den 24. Pachon (19. Mai) und umgedeutet auf einen Gedenktag der „Erscheinung Christi in Ägypten" im kirchlichen Kalender der Kopten erhalten. Bei dem am Schluß gleichsam hingeworfenen Datum 24. oder 25. Pharmouthi läßt das Verbum es unentschieden, ob die Geburt oder (wahrscheinlicher) die Empfängnis gemeint war. In der Zusammenschau mit dem kurz vorher als Leidensdatum genannten gleichen Monatstag zeigt sich jedenfalls ganz klar die rein spekulativ begründete Meinung, daß das gesamte Erdenleben Jesu genau dreißig Jahre gedauert hätte.

Zuletzt seien hier noch einige Regeln zusammengestellt, die für jedes beliebige Jahr N größer als 5 der Augustus-Ära gelten und mittelbar auch eine Beziehung zwischen Daten des Ägyptischen und des Julianischen Kalenders herstellen.

1) Das Jahr N der Augustus-Ära beginnt
im Jahre (31 – N) vor Christus, oder
im Jahre (N – 30) nach Christus.

105

2) Sind Regentenjahre des Tiberius T nach ägyptischer, bzw. alexandrinischer Zählung gegeben, dann ist $N = 43 + T$.
3) Erster Tag (1. Thot) des Jahres N der Augustus-Ära ist im Julianischen Kalender gleich dem
29. August, wenn $N \neq (4n + 1)$, oder dem
30. August, wenn $N = (4n + 1)$ (n ganzzahlig positiv)
4) Schaltjahre sind jene, für die $N = 4n$ (n größer als 1) gilt.
5) Jeder der zwölf Monate hat 30 Tage; dem letzten Monat Mesori folgen fünf, im alexandrinischen Schaltjahr sechs Zusatztage (Epagomenen).
6) Die Differenz zwischen ägyptischem und alexandrinischem Datum des gleichen Tages beträgt

$$D = \left(\frac{N - 5}{4}\right)_g \text{ Tage,}$$

d. h. den ganzzahligen Teil des eingeklammerten Quotienten.

Endlich sei noch das berühmte Edikt von Kanopus erwähnt, in welchem Ptolemaios III. Euergetes im Jahre 238 v. Chr. schon einmal die Einfügung eines Schalttages am Ende jedes vierten Jahres befohlen hatte. Auch damals gab es fallweise Doppeldatierungen. Aber nach ziemlich kurzer Zeit unterblieben die Einschaltungen wieder, und man kehrte zum stets gleich langen ägyptischen Jahr zurück.

Grundlage des Jüdischen Kalenders war (und ist noch heute für die Ordnung der religiösen Feste) das Gebundene Mondjahr ganz ähnlich wie im Kalender der babylonischen Astronomen (s. Seite 27). Demnach galt als Zeiteinheit nächst dem Tag der natürliche Lichtmonat, gerechnet vom erstmaligen Wiedererscheinen der schmalen Sichel des „Neulichts" in der Abenddämmerung. Zwecks Aufrechterhaltung einer langfristig ungefähr gleichbleibenden Relation der Kalendermonate zu den Jahreszeiten wurden in einem 19jährigen Zyklus sieben Schaltmonate den normalerweise 12 Monate umfassenden Jahren eingefügt.

Die Ersttage der Monate wurden nach Möglichkeit durch Beobachtung des Neulichts ermittelt. Konnte dieses jedoch fallweise, etwa wetterbedingt, auch am 30. Abend des laufenden Monats nicht gesehen werden, dann ließ man trotzdem einen neuen Monat beginnen. Daraus ergab sich ein beinahe regelmäßiger Wechsel von Monaten zu 29 und 30 Tagen, wobei die Anzahl der letzteren ein wenig überwog. Natürlich ließen sich dabei lokale Unterschiede von einem Tag je nach der Aufmerksamkeit der Neulichtzeugen nicht ganz vermeiden. Näherungsweise darf man aber vom genau bekannten Babylonischen Kalender ziemlich zuverlässig auf den gleichzeitigen Kalender der Juden schließen, bei Beachtung der weiter unten erklärten Änderungen. Aus der Bestimmungsweise der Monatsanfänge ergab sich von selbst der Datumswechsel am Abend. Die Nächte wurden zum jeweils folgenden Tag gerechnet, anders als bei den Ägyptern, deren Kalendertage immer mit der Morgendämmerung begannen.

Hinsichtlich des bürgerlichen Jahresanfangs folgten die Juden dem seit langem eingeführten hellenistischen Brauch, die Kalenderjahre im Herbst, und zwar ein halbes Jahr früher als die babylonischen Astronomen, beginnen zu lassen.

Hinsichtlich der Verteilung der Schaltmonate ist wohl zumeist in Übereinstimmung mit der zyklischen Regelung gemäß dem Beispiel der babylonischen Astronomen vorgegangen worden. Nur hat man wahrscheinlich schon damals anstelle des nur einmal in 19 Jahren vorkommenden zweiten Elul einen zweiten Adar eingeschaltet. Dadurch ergab sich dann in den jeweils davon betroffenen Jahren eine Verschiebung der Monatsnamen gegenüber dem Babylonischen Kalender. Im übrigen darf man eher damit rechnen, daß der Jüdische Kalender zur Zeit Jesu im wesentlichen mit dem genau geregelten Babylonischen Kalender übereinstimmte. Diese Annahme hat zweifellos bessere Berechtigung als eine Extrapolation nach rückwärts von dem mehrere Jahrhunderte später theoretisch auf den Tag genau geregelten Kalender des Diaspora-Judentums, der im religiösen Bereich noch heute in Geltung steht.

Zufolge dem Evangelium nach Matthäus schien Herodes bei der Ankunft der Magier noch voll bei Kräften. Damit zusammenstimmend wird aufgrund der historischen Quellen sein Tod in den ersten Monaten des Jahres 4 v. Chr. angenommen. Während der letzten Krankheit des Königs rissen jüdische Eiferer unter Führung des Schriftgelehrten Matthias vom Tempeltor den goldenen Adler herunter, den Herodes dort hatte anbringen lassen. In der Nacht, als die Rebellen ihre Kühnheit auf dem Scheiterhaufen büßen mußten, trat eine Mondfinsternis ein. Als solche kommt nur die totale vom 15./16. September 5 v. Chr. in Betracht. So bleibt ein genügendes Zeitintervall für die letzten Ereignisse um den Tod und die Leichenfeier des Herodes, die nicht lange vor dem Passahfest 4 v. Chr. stattfand.

Babylonische Astronomie

Methoden und spezielle Ergebnisse

Ein gewisser Überblick über die Sternkunde der Magier ist bereits früher (Seite 26 ff.) geboten worden. Hier soll nun an einigen Beispielen genauer erklärt werden, auf welche Weise die babylonischen Astronomen in den letzten vorchristlichen Jahrhunderten Planetenperioden in der Größenordnung von mehreren Jahrhunderten ermitteln konnten und mit welchen mathematischen Methoden sie imstande waren, ziemlich genaue Voraussagen bestimmter Planetenerscheinungen über Jahrzehnte hinweg zu errechnen. Als wichtigstes Ergebnis sollen die nach diesen Rechenverfahren rekonstruierten besonderen Umstände der Begegnungen zwischen den Planeten Jupiter und Saturn bis zum mutmaßlichen Geburtsjahr des Königs Alexander Jannaj zurück in eben der Art vorgestellt werden, wie sie die sterndeutenden Magier auf den Tontafeln ihres damals noch unversehrten Archivs verzeichnet finden konnten.

Für den modernen Leser wirken die Planetenperioden der Babylonier (s. S. 31) schon äußerlich befremdlich, weil keine von diesen unmittelbar die Dauer eines einzelnen Umlaufs, sondern ein hohes Vielfaches davon, dieses allerdings in Form einer ganzen Zahl von Erdenjahren angibt. Dies hat jedoch einen praktischen Grund, der prinzipiell auch noch für die moderne Astronomie gilt. Weder im Altertum noch im Zeitalter der Weltraumfahrt kann man die Bahnen der Planeten von der Sonne aus beobachten. Vielmehr ist unser Standort, die Erde, selbst ein um die Sonne wandernder Planet, der eben nur nach einem ganzzahligen Vielfachen eines Jahres relativ zur Sonne wieder zu derselben Stelle des Raumes zurückkehrt, wenn man von den verhältnismäßig sehr geringen Bahnänderungen einmal absieht. Infolgedessen ist auch für uns, die wir im Gegensatz zu den babylonischen Astronomen heliozentrisch zu denken gewohnt sind, die Umlaufsperiode irgendeines anderen Planeten nicht unmittelbares Beobachtungsergebnis, sondern sie muß durch rechnerischen Nachvollzug zweckmäßiger geometrischer Überlegungen ermittelt werden. Dabei kommt uns die Kenntnis der Bewegungsgesetze, etwa in der Keplerschen Form, zu Hilfe, von denen man im Altertum noch keine Ahnung hatte.

Um das eben Gesagte zu verdeutlichen, betrachten wir kurz jenen einfachsten Fall, daß man einen äußeren Planeten (Mars, Jupiter oder Saturn) jeweils dann beobachtet, wenn er, wie man sagt, „in Opposition zur Sonne" steht, das heißt, wenn sich die Erde genau zwischen Sonne und Planet befindet und wir letzteren an der gleichen Stelle des Sternhintergrundes sehen wie ein gedachter Beobachter auf der Sonne. Wegen der wechselnden Geschwindigkeiten der Planeten sind die Zwischenzeiten von einer Opposition bis zur nächsten – oder auch von „Abendaufgang" zu Abendaufgang (jeweils kurz vor der Opposition) – in einem gewissen Spielraum von einem Mal zum andern merklich verschieden. Erst über einen ziemlich langen Zeitraum hinweg kann man einen der Wahrheit nahekommenden Mittelwert und die Breite des Spielraums möglicher Abweichungen feststellen.

Doch der Anwendung dieser Überlegungen stellte sich bei den Babyloniern noch ein Hindernis in den Weg: Ihr Kalender beruhte auf Mondjahren, die bald zwölf, bald dreizehn Monate zählten und in jedem der beiden Fälle wieder mindestens zwei verschiedene Anzahlen von Tagen enthalten konnten. Gab es dennoch eine Möglichkeit, um hinlänglich genau ganzzahlige Vielfache von Umlaufsperioden der einzelnen Planeten direkt zu den Vielfachen von Sonnenjahren in Beziehung zu setzen?

Ja. Einen treffenden Hinweis kann man den astronomischen Jahreskalendern entnehmen, in denen die Frühaufgänge und die Abendaufgänge des Sirius entsprechend einer Berechnung nach dem 19jährigen Zyklus eingetragen waren. In den erhaltenen Exemplaren des Kalenders auf das Jahr 305 der Seleukiden-Ära ist nur der Frühaufgang des Sirius am 20. des IV. Monats Duzu = 18. Juli 7 v. Chr. ersichtlich; die Stelle, wo der Abendaufgang dieses Sterns stehen müßte, ist in allen Exemplaren so stark beschädigt, daß kaum eine Andeutung erkennbar ist.

Nehmen wir nun in einem, der Einfachheit halber fingierten, Beispiel an, daß in einem bestimmten Jahr der Planet Jupiter am gleichen Morgen wie Sirius im Frühaufgang am östlichen Himmel aufgetaucht wäre. Nach einmaliger Umrundung des ganzen Tierkreises zwölf Jahre später würde er dann erst 5 Tage nach dem Sirius wieder erscheinen. Daraus folgt, daß Jupiter zum Zurücklegen von 360 + 5 Grad um 5 Tage länger als zwölf Jahre gebraucht hat; dies deshalb, weil die Sonne in den zusätzlichen 5 Tagen sich nahezu um ebenso viele Grade weiter bewegt hat, und Jupiter, um einen gleich großen Abstand wie beim erstenmal vom Tagesgestirn zu erreichen, ebenfalls um rund 5 Grad über die Stelle des zuerst genannten Frühaufgangs hinausgekommen sein mußte.

Wenn nun derartige Beobachtungen über wenigstens sechs volle Umläufe des Jupiters fortgesetzt wurden, dann mußte sich zeigen, daß dieser Planet kurz vor Vollendung des 71. Sonnenjahres 6 Tage vor Sirius im Frühaufgang erschien.

In diesen 71 Jahren durchlief Jupiter 65mal die zyklisch wiederkehrenden Erscheinungen des Frühaufgangs, des östlichen Stillstands, des Abendaufgangs, des westlichen Stillstands und des letzten Untergangs einer „synodischen Periode", um einen Ausdruck der modernen Astronomie zu gebrauchen. Selbstverständlich haben die babylonischen Astronomen viele dieser Phasen beobachtet und aufgeschrieben. Vor allem konnten die Datumsdifferenzen der Früh- und Abendaufgänge nicht nur in bezug auf Sirius, sondern auch im Vergleich mit anderen hellen Sternen, insbesondere solchen des Tierkreisgürtels, festgestellt werden. Der Leitgedanke der Auswertung dürfte aber in allen Fällen etwa folgender gewesen sein:

Wenn 11 Zyklen um 5 Tage länger sind als zwölf Jahre, aber 65 Zyklen um 6 Tage kürzer als 71 Jahre, dann sollten sich diese Abweichungen wechselseitig ausgleichen in einer Großperiode von

$$5 \times 71 + 6 \times 12 = 427 \text{ Jahren,}$$

in denen Jupiter den ganzen Tierkreis 36mal durchläuft und in $5 \times 65 + 6 \times 11 = 391$ Zyklen jedesmal alle Phasen durchspielt.

Offenbar unter den gleichen Voraussetzungen ist einer der

babylonischen Astronomen auch auf den Gedanken gekommen, daß $65 + 11 = 76$ Jupiterzyklen nur noch um $(6 - 5) =$ einen Tag kürzer als 83 Jahre sind. Demgemäß fand man nämlich auf einer Keilschrifttafel die nachstehende arithmetische Reihe von stufenweise immer besser der Wirklichkeit angepaßten Jupiterperioden: 12, 95, 178, 261, 344, 427 Jahre.

Daraus ist in voller Deutlichkeit ersichtlich, daß die Großperiode, die den Langzeitberechnungen der Spätzeit als Grundlage diente, das Ergebnis wohlüberlegter Auswertung von Beobachtungen eines weitaus kürzeren Zeitraumes war.

Großperioden des äußersten Planeten Saturn konnten in sehr ähnlicher Weise ermittelt werden. Zu einem Umlauf durch den Tierkreis braucht er knapp 29,46 Jahre. Demgemäß nahmen die babylonischen Astronomen an, daß passende Großperioden Saturns darstellbar sein sollten in der Form

$$P = 29 + 59 \, n \text{ Jahre,}$$

in denen der Planet $(1 + 2 n)$ mal den Tierkreis durchläuft. Allerdings ist bisher kein Keilschriftdokument bekanntgeworden, in welchem ebenso wie bei Jupiter die Anfangsglieder der durch die Formel dargestellten arithmetrischen Reihe nebeneinander gestellt worden wären. Aber vermutlich haben die babylonischen Astronomen auch in diesem Fall verschiedene Möglichkeiten in Betracht gezogen. Denn in der Frühzeit der Perserherrschaft (5. Jh. v. Chr.) werden einmal 560 Jahre $(n = 9)$ als Saturnperiode genannt, während die Langzeitberechnungen der späteren Zeit auf der erheblichen kürzeren Periode 265 Jahre $(n = 4)$ beruhen. Hingegen ist bei Jupiter nur ein anfängliches Schwanken zwischen zwei nebeneinanderliegenden Periodenwerten 344 und 427 Jahre in den erhaltenen Quellen erkennbar.

Der viel größere Unterschied zwischen den zwei eben genannten Saturnperioden und die Tatsache, daß auch die später gewählte nicht optimal ist, kann teilweise darauf zurückgeführt werden, daß infolge der langsameren Bewegung und geringeren Helligkeit Saturns der Tag seiner jeweils erstmaligen Sichtbarkeit in der Morgendämmerung in höherem Maß als bei Jupiter von den meteorologischen Umständen beeinflußt wird. Für die zuerst getroffene Wahl 560 Jahre gleich 19 Umläufe könnte ein Analogieschluß ausschlaggebend gewesen sein. Saturn benötigt nämlich etwa ebenso viele Jahre zur Umrundung des Tierkreises, wie der Lichtmonat Tage enthält, und bekanntlich bringen erst je 19 Jahre einen befriedigenden Ausgleich zwischen den Zeitmaßen der beiden großen Himmelsleuchten.

Andererseits mag für die Wahl der 265jährigen Periode, die nur neun Umläufen Saturns entspricht, ebenso wie für die Bevorzugung der 427jährigen Periode Jupiters mit 36 Umläufen dieses Planeten, der Umstand entscheidend gewesen sein, daß im Zahlensystem der Babylonier Divisionen durch 36 und erst recht durch 9 bei der zweiten Sexagesimalstelle ohne Rest aufgehen, und zwar erhält man für

einen Umlauf Jupiters 427 : 36 = 11; 51, 40 Jahre,
einen Umlauf Saturns 265 : 9 = 29; 26, 40 Jahre.

Das Zeichen „;" nach den ganzen Einheiten wird üblicherweise verwendet, um die nachfolgenden ein- oder zweiziffrigen Zahlen als Sexagesimalbruchteile, analog zu den uns gewohnten Minuten und Sekunden bei der Unterteilung der Stunden, sofort kenntlich zu machen.

Den babylonischen Astronomen war ferner bekannt, daß die erste grobe Näherungsperiode für zwei Saturnumläufe, 59 Jahre, zugleich ungefähr fünf Jupiterumläufen entspricht. Daher lag ihnen wohl die Vermutung nahe, daß es eine gemeinsame Großperiode geben könnte, die diese „Verwandtschaft" zwischen den beiden Planeten noch genauer zum Ausdruck bringt. Tatsächlich bietet sich dafür das Doppelte der Großperiode Jupiters an, denn es sind

2 x 427 = 3 x 265 + 59 = 854 Jahre
oder 72 Jupiterumläufe = 29 Saturnumläufe.

Darin kompensieren sich übrigens teilweise die entgegengesetzten Fehler, welche den einzelnen Saturnperioden 265 und 59 Jahre anhaften. Demnach wären 854 Jahre auch für Saturn eine noch bessere Periode gewesen als 265 Jahre. Zu dieser Einsicht konnten freilich die babylonischen Astronomen bei Beginn ihrer langfristigen Vorausberechnungen unmöglich gelangt sein. Daher schließt der andauernde Gebrauch der kürzeren Periode es nicht aus, daß ihnen die mit Jupiter gemeinsame Großperiode als solche bekannt war und daß diese in ihren astrologischen Überlegungen vielleicht sogar eine wesentliche Rolle spielte.

Der Planet Mars ist um die Zeit seines Frühaufgangs sehr weit von der Erde entfernt und hat daher anfänglich nur eine geringe scheinbare Helligkeit. Außerdem kommt er nur sehr zögernd aus dem Bereich der Sonnenstrahlen hervor. So sind zum Zweck der genauen Periodenbestimmung dieses Planeten die Abendaufgänge weitaus besser geeignet, denn dann steht Mars der Erde am nächsten und weist eine scheinbare Helligkeit auf, die jener Jupiters nur wenig nachsteht oder sie manchmal sogar übertrifft.

Einen Umlauf um die Sonne vollführt Mars in 687 Tagen, das sind rund 43 Tage weniger als zwei Jahre, während seine synodische Periode von einem Abendaufgang bis zum nächsten etwas mehr als zwei Jahre dauert. Diesem Umstand ist es zuzuschreiben, daß jene Vielfachen seiner Umlaufsperiode, die zugleich einer ganzen Zahl von Erdenjahren gleichkommen, sich alle als Summen von Vielfachen von 15 und 17 Jahren, den ersten sehr rohen Näherungsperioden darstellen lassen, wie aus der kleinen Tabelle auf der nächsten Seite ersichtlich ist.

Aus deren letzter Zeile kann man auch noch folgende Merkwürdigkeiten begründen: Vorausgesetzt, daß die Babylonier 854 Jahre als eine gemeinsame Großperiode für Jupiter und Saturn erkannt haben, hätten sie leicht auf den Gedanken kommen können, dieselbe auch auf Mars anzuwenden. Dessen nach ihrer Meinung „genaue" Periode von 284 Jahren setzt sich folgendermaßen aus zwei kürzeren Näherungsperioden zusammen, deren ungleich große Restfehler entgegengesetzte Vorzeichen haben:

$$284 = 3 \times 79 + 47 \text{ Jahre.}$$

Nimmt man hiervon nochmals das Dreifache und fügt dem groben Näherungswert zwei Jahre hinzu, dann erhält man wieder die „magische Zahl" (3 x 284 + 2 =) 854 Jahre, in denen übrigens Mars beinahe 400 Zyklen durchläuft. Wieviel nach 854 Jahren auf die Vollendung des vierhundertsten Zyklus fehlt, hängt erheblich vom gewählten Ausgangspunkt ab. Im günstigsten Fall würde der Schlußfehler nur 17 Tage, im ungünstigsten 80 Tage betragen, wenn man die in der babylonischen Theorie angenommenen Zahlen zugrunde legt.

Perioden des Planeten Mars

P Jahre	N	Z	P:Z Jahre	F Tage
32	17	15	2,1333	+11,0
47	25	22	2,1364	− 8,2
79	42	37	2,1351	+ 2,7
284	151	133	2,1353	− − −
854	454	400	2,1350	+49±31

P = Näherungsperioden; N = Anzahl siderischer Umläufe; Z = Anzahl synodischer Zyklen; P:Z = Näherungswert eines mittleren Zyklus; F = Schlußfehler nach Z Zyklen gegenüber der Berechnung mit dem als genau angenommenen Wert 284 : 133 Jahre.

Selbst wenn den Magiern aus so ferner Vergangenheit noch Aufzeichnungen von Planetenbeobachtungen überliefert waren, wären diese zu ungenau gewesen, um damit die 854jährige Periode zu prüfen. Aber theoretisch war diese genügend fundiert, um astrologische Erwartungen eines wahren „Jahrtausendereignisses" Vorschub zu leisten. (Vgl. Seiten 52 und 60!)

In jeder Hinsicht anders als die bisher besprochenen Planeten verhält sich bekanntlich Venus, der prachtvollste aller Sterne des Himmels. Schon frühzeitig hatten die babylonischen Astronomen erkannt, daß Venus innerhalb von rund acht Jahren fünfmal abwechselnd monatelang bald als Abend-, bald als Morgenstern am Himmel glänzt und daß diese fünf Zyklen nur um vier Tage kürzer sind als 99 Lichtmonate ihres Kalenders.

Schwieriger war die genaue Feststellung des Unterschiedes von fünf solcher Zyklen gegenüber dem Sonnenjahr oder, richtiger gesagt, gegenüber acht siderischen Jahren. Denn nur viermal innerhalb eines Jahrhunderts liegt der Tag des Erscheinens der Venus als Morgenstern so nahe nach oder vor dem Frühaufgang des Fixsterns Sirius, daß man die Differenz zwischen den Daten beider Ereignisse unmittelbar und unverfälscht durch die Ungleichförmigkeit der Mondjahre registrieren konnte. Eine solche günstige Gelegenheit ergab sich etwa um die Mitte des vierten Jahrhunderts vor Christus, wie die nachstehende, aufgrund der Planetentafeln von B. Tuckerman rekonstruierte Tabelle zeigt.

Erstes Erscheinen der Venus als Morgenstern	
im Jahre	Tage nach/vor Sirius
376 v. Chr.	7 Tage nach Sirius
368 v. Chr.	5 Tage nach Sirius
360 v. Chr.	2 Tage nach Sirius
352 v. Chr.	1 Tag vor Sirius
344 v. Chr.	3 Tage vor Sirius
336 v. Chr.	5 Tage vor Sirius
328 v. Chr.	8 oder 7 vor Sirius
320 v. Chr.	10 Tage vor Sirius
312 v. Chr.	12 Tage vor Sirius

Zweifelsfälle wie im Jahre 328 v. Chr. ergeben sich bei der theoretischen Berechnung von Frühaufgängen und ähnlichen Ereignissen unvermeidlicherweise immer dann, wenn am früheren von zwei in Betracht kommenden Tagen die Grenzbedingungen nur sehr knapp erfüllt sind, so daß meteorologische Nebenumstände noch mehr als sonst eine entscheidende Rolle spielen. Da aber die Großperiode der Venus wahrscheinlich noch vor dem Zusammenbruch des Perserreiches (330 v. Chr.) entdeckt worden ist, genügt es, zunächst die ersten sechs Zeilen der Tabelle zu betrachten. Aus Beobachtungsaufzeichnungen, die sinngemäß der Tabelle entsprachen, konnte ein babylonischer Astronom ablesen, daß die Verschiebung des erstmaligen Erscheinens der Venus als Morgenstern nach Ablauf von jeweils 32 Jahren (zwischen 376 und 344 ebenso wie zwischen 368 und 336 v. Chr.) zehn Tage betrug.

Damit konnte man eine einfache Schlußfolgerung aufstellen: Nach 32 Jahren weniger 10 Tagen erscheint Venus wiederum als Morgenstern. Bei gleichmäßiger Wiederholung dieses Vorgangs wird sie also auch nach 36 x 32 Jahren minus 360 Tagen wieder Morgenstern sein.

Demnach vollführt sie, rund gerechnet, in

$$36 \times 32 - 1 = 1151 \text{ Jahren}$$
$$36 \times 20 = 720 \text{ Zyklen}$$

abwechselnd als Morgen- und als Abendstern.

Auch diese außerordentlich lange Großperiode beruht also auf Beobachtungen, die sogar ein einzelner Astronom jener Zeit selbst angestellt und ausgewertet haben könnte. Ein noch besseres Resultat hätte man aus Beobachtungen über ein Intervall von 64 Jahren erhalten können, beispielsweise 376 bis 312. In diesem Intervall betrug die Verschiebung 19 Tage. Rechnet man hier das Rundjahr zu 361 Tagen, dann erhält man als bestmögliche Periode dieser Größenordnung 1215 Jahre für 760 Zyklen. Beide Zahlen sind durch 5 teilbar, und man erhält daraus die moderne Venusperiode 243 Jahre für 152 Zyklen, die vor allem im Zusammenhang mit den seltenen Vorübergängen der Venus vor der Sonnenscheibe auch vielen Amateurastronomen bekannt ist.

Nun wenden wir uns der Frage zu, auf welche Weise die babylonischen Astronomen Planetenerscheinungen auf Jahre und Jahrzehnte hinaus voraussagen und sogar mit bemerkenswerter Genauigkeit vorausberechnen konnten.

Eine alte und trotz besserer anderer Möglichkeiten bis in die letzten Zeiten ihrer Aktivität angewandte Methode war das (von modernen Forschern so genannte) „Zieljahrverfahren". Es ist im wesentlichen die in die Zukunft gerichtete Umkehrung der Ermittlung mittelfristig brauchbarer Näherungsperioden aus Beobachtungen der Vergangenheit. Um das Prinzip zu erklären, nehmen wir beispielsweise die 8jährige Venusperiode: Wenn etwa im Jahre 297 der Seleukidenära am 17. des VIII-ten Monats Venus im Frühaufgang beobachtet wurde, dann konnte man leicht voraussagen, daß im Jahre 305 derselben Ära aber schon am 13. (= 17 - 4) des VIII-ten Monats wieder ein Frühaufgang der Venus erfolgen werde. Denn die 8jährige Periode galt, wie früher erwähnt, nicht genau, sondern mit einer Korrektur von minus 4 Tagen. Stillschweigend mit eingeschlossen in diese Regel war auch die Bedingung, daß zwischen dem beobachteten und dem daraus vorhergesagten Ereignis 99 Monate, also drei Schaltmonate liegen müßten, was in dem eben genannten Beispiel zutrifft. Das heißt, daß bei der Datumsvorhersage stets darauf Bedacht genommen werden mußte, ob die normale Anzahl von Schaltmonaten mit eingeschlossen war. Bei einer so kurzen Zieljahrperiode war dies freilich nicht schwierig.

Aus der großen Venusperiode zogen die babylonischen Astronomen noch eine weitere Folgerung. Wenn jene Stelle des Tierkreises, an der sich dieser Planet bei jedem fünften seiner Frühaufgänge befindet, innerhalb von 720 Zyklen um insgesamt 360 Grad entgegen der Richtung der Längenzählung weiterrückt, dann beträgt der Sprung nach je fünf Zyklen oder acht Jahren genau minus 2,5 Grad (2° 30'). Daraus ergab sich, verallgemeinert auf beliebige Stellungen der Venus, für Zieljahresberechnungen die Regel: 8 Jahre minus 4 Tage im Monatsdatum, aber minus 2° 30' gegenüber der Länge bei der früheren Beobachtung.

Komplizierter war die Anwendung eines ähnlichen Verfahrens bei Jupiter. Es wurde schon früher erwähnt (Seite 112), daß 76 Jupiterzyklen nur um einen Tag kürzer sind als 83 siderische Jahre. Dieses Zeitintervall war daher sehr gut brauchbar, um nach dem Zieljahrverfahren die Länge dieses Planeten im Tierkreis aufgrund einer früheren Beobachtung mit einem Korrekturbetrag von minus einem Grad, genauer 0° 55', vorherzusagen. Nun sind aber 76 Jupiterzyklen um 17 Tage länger als 1026 mittlere Lichtmonate, und dieser Unterschied ist zu groß, um angesichts der in Wirklichkeit ungleichförmigen Planetenbewegung eine zuverlässige Datumsvorhersage zu ermöglichen. Andererseits sind 65 Jupiterzyklen nur um einige Stunden kürzer als 878 Lichtmonate, so daß dieses Zeitintervall für die Vorhersage des Datums vorzüglich geeignet ist, während der Rückstand in Länge zu groß ist, um trotz der Ungleichförmigkeit der wirklichen Bewegung als konstante Korrektur angebracht zu werden. Aus diesem Grund waren also für die Vorhersage der Erscheinungen Jupiters zwei verschiedene Zieljahrperioden zu 71 und zu 83 Jahren erforderlich.

Ähnlich verhält es sich bei Mars, für den ebenfalls zwei verschiedene Näherungsperioden bei der Anwendung des gleichen Verfahrens gebraucht werden. Bei diesem Planeten sind 22 Zyklen (rund 47 Jahre) nur um einen Tag länger als 581 Lichtmonate, während für die Vorhersage der Längen im Tierkreis 37 Zyklen (rund 79 Jahre) mit einem Korrekturbetrag von plus 2,7 Grad (2° 42') bei weitem besser tauglich sind.

Für die Erscheinungen des Saturns kam wegen seiner langsamen Bewegung nur eine einzige Zieljahrperiode in Betracht, 57 Zyklen gleich 59 Jahren. Für die Längenvorhersage war sie mit einem Korrekturbetrag von plus 1,3 Grad (1° 18') recht gut. Hingegen fehlten nach 57 Zyklen noch 6 Tage auf 730 Monate, die im Zieljahr als Korrektur zu berücksichtigen waren.

Das Zieljahrverfahren ermöglichte zwar mit geringstem Rechenaufwand ziemlich gute Vorhersagen der Planetenerscheinungen, aber natürlich nur insoweit, wie entsprechende Beobachtungen, zumeist von früheren Generationen, zuverlässig überliefert waren. Lücken in den älteren Beobachtungsreihen, gelegentlich wohl auch unbemerkt gebliebene Fehler in deren Aufzeichnung, pflanzten sich unvermeidlicherweise in die Zukunft fort.

Es war vielleicht der Initiative eines einzelnen genialen Mannes unter den babylonischen Astronomen des 4. vorchristlichen Jahrhunderts zu verdanken, daß bestimmte mathematische Methoden, insbesondere die Anpassung einfach gebauter periodischer Funktionen an die Bedürfnisse der Planetentheorie, in die Berechnungen Eingang fanden. In der Form und in ihrer Zielsetzung unterschieden sich diese sehr wesentlich von den uns vertrauten Denkmodellen.

Ob wir das geozentrische Weltbild der hellenistischen Gelehrten oder das heliozentrische System der Neuzeit betrachten, hier wie dort werden die scheinbar verschlungenen Planetenbahnen an der Himmelssphäre auf einfachere kreisförmige oder wenigstens kreisähnliche räumliche Bahnen zurückgeführt. Hingegen deutet in der mathematischen Astronomie der spätbabylonischen Zeit nichts darauf hin, daß in deren Theorie die Tiefendimension des Raumes irgendeine Rolle gespielt hätte. Im Gegenteil, bei den Langzeitberechnungen ging es ausschließlich um Zeitpunkte und Längengrade der schon wiederholt genannten besonderen Phasen, die sich in wechselnden Abständen in jedem Zyklus in gleicher Reihenfolge wiederholen. Erst nachträglich, und offenbar auch nicht ununterbrochen, wurden zwischen diese

Hauptphasen Berechnungen der Planetenörter von Tag zu Tag eingeschaltet. Die rechnerische Erfassung der „Breite", d. h. des Abstandes der Planeten von der Mittellinie des Tierkreises, blieb anscheinend auf vereinzelte Versuche beschränkt. Jedoch verdient es in diesem Zusammenhang Beachtung, daß sogar noch Ptolemaios in seinem großen astronomischen Werk (um 140 n. Chr.) die Breitenbewegung der Planeten gleichsam anhangweise im dreizehnten und letzten Buch, getrennt von den in der Ekliptikebene gelegenen Epizykeln, behandelt hat.

Ein weiterer, bemerkenswerter Unterschied zwischen unserer Denkweise und den Rechenverfahren der spätbabylonischen Astronomie besteht darin, daß wir die Ortsänderungen eines Himmelskörpers gewöhnlich in Abhängigkeit von der Zeit als der „unabhängigen Veränderlichen" betrachten. Die Hauptphasen der Planeten bewegen sich jedoch nicht kontinuierlich, sie treten in jedem Zyklus je nur einmal und jedesmal an anderer Stelle des Tierkreises ein. Diesem Sachverhalt entsprechend kamen die babylonischen Astronomen auf die geniale Idee, die stets ganzzahlige laufende Zyklusnummer als unabhängige Variable zu verwenden, von der allein sowohl die Zeitpunkte als auch die Längengrade im Tierkreis abhängen und in getrennten Rechnungsgängen, schrittweise von Zyklus zu Zyklus vorgehend, ermittelt wurden.

Zur vollständigen Berechnung aller fünf Hauptphasen eines der Planeten Saturn, Jupiter oder Mars waren daher je zehn getrennte Rechenkolonnen erforderlich. Aber man konnte nach Belieben die eine oder andere von diesen beiseite lassen; beispielsweise wurden mitunter von den Frühaufgängen nur die Zeitpunkte (ohne die zugehörigen Längen) berechnet, wohl im Hinblick darauf, daß namentlich beim Frühaufgang Jupiters noch kein einziger Fixstern seiner Umgebung sichtbar wäre und deshalb dem Beobachter jeder Anhaltspunkt für die Wahrnehmung der Länge fehlte.

Natürlich wurden als Ausgangspunkte für diese Art der Berechnungen und zur Ermittlung gewisser numerischer Parameter neben den genauen Periodenlängen eine beträchtliche Anzahl guter und zweckmäßig verteilter Beobachtungen benötigt. Zum Unterschied vom Zieljahrverfahren brauchten diese aber nicht in

120

einem bestimmten Zeitabstand in ferner Vergangenheit zu liegen. Vielmehr konnten sie, sobald einmal die Großperiode nach bereits besprochenen Methoden feststand, in einem verhältnismäßig kurzen Zeitraum zielbewußt gesammelt und ausgewertet werden.

Ohne etwas von den uns bekannten Gründen der ungleichförmigen Bahngeschwindigkeit der Planeten zu wissen, hatten auch die babylonischen Astronomen beträchtliche Unterschiede in den Zwischenzeiten und den zugehörigen Längendifferenzen zwischen aufeinanderfolgenden gleichartigen Phasen eines bestimmten Planeten, beispielsweise von einem Abendaufgang Jupiters bis zum nächsten, entdeckt. Da ihnen die Sinusfunktion, welche in guter Näherung diese Unterschiede beschreiben würde, noch unbekannt war, versuchten sie, mit mehreren verschiedenen, recht einfach aussehenden Verfahren, die offenbar von der Lage im Tierkreis abhängige wechselnde „Sprungweite" von einem Zyklus zum nächsten rechnerisch in den Griff zu bekommen. Die unseren modernen Vorstellungen am nächsten liegende Methode, nach welcher wahrscheinlich schon in der Generation der Großväter der Magier des Evangeliums die Jupiter- und Saturnphasen des Jahres 7 v. Chr. vorausberechnet worden sind, soll hier genau beschrieben werden, und zwar am Beispiel der Länge Jupiters zur Zeit seines Abendaufganges.

Eine teilweise beschädigte Berechnungstafel dieses Planeten gibt für den Abendaufgang am 14. Tage des eingeschalteten zweiten Adar im Jahre 240 der Seleukidenära (72/71) v. Chr. die Länge 11° 2' im Zeichen Waage, und die „Sprungweite" zum nächsten Abendaufgang 31° 45'. Jeder der drei nächsten „Sprünge" ist zufolge dem in dieser Tafel angewandten Berechnungsverfahren um 1° 48' größer als der vorhergehende, also 33° 33', dann 35° 21', schließlich 37° 9'. Natürlich durften die Sprünge einen gewissen Höchstwert, den die Babylonier zu 38° 2' eingeschätzt hatten, nicht überschreiten. Demnach dachte man sich an dieser Stelle die Normaldifferenz zwischen jeweils aufeinanderfolgenden Sprungweiten in einen positiven Teil, hier +53', und einen negativen Teil, hier –55', zerlegt, so daß der nächste Sprung 37° 7' weit ging. Die folgenden vier Sprünge sind jedesmal um 1° 48' kürzer als die jeweiligen Vorgänger. Bei 29° 55' war man nahe dem zulässigen Minimalwert eines Sprunges angelangt.

Dieser war bei 28° 15' 30" festgelegt. Dementsprechend dachte man sich hier die konstante Differenz 1° 48' wiederum zerlegt in –1° 39' 30" und +8' 30". Demnach betrug der nächste Sprung nur 28° 24'. Ihm folgten diesmal fünf andere mit wieder zunehmender Sprungweite.

Die Funktionsweise dieses Verfahrens überblickt man leicht an Hand der nachstehenden kleinen Tabelle:

Sprungweite	Länge im Tierkreis		
	11°	2'	Waage
31° 45'	12	47	Skorpion
33 33	16	20	Schütze
35 21	21	41	Steinbock
37 9	28	50	Wassermann
37 7	5	57	Widder
35 19	11	16	Stier
33 31	14	47	Zwillinge
31 43	16	30	Krebs
29 55	16	25	Löwe
28 24	14	49	Jungfrau
30 12	15	1	Waage

Ebenso wie in den Rechentafeln der babylonischen Astronomen sind auch hier die Sprungweiten, die zur jeweils vorherigen Zeile zu addieren sind, links auf die gleiche Zeile gesetzt worden wie das rechtsstehende Resultat dieser Addition. Als Zahlenbeispiel mag die Vorführung einer einmaligen Umrundung des Tierkreises genügen. Insgesamt 59 Zyklen waren erforderlich, um nach fünf Runden und 164° 15' zum Abendaufgang des Jahres 305 der Seleukidenära bei 25° 17' im Zeichen Fische zu gelangen, gerechnet vom babylonischen Widder-Nullpunkt an.

In prinzipiell gleicher Weise wurden auch die den Längen zugeordneten Zeitpunkte der Abendaufgänge berechnet. Die Zeitintervalle (Sprungweiten) von Zyklus zu Zyklus bewegten sich hier im Spielraum zwischen 12 Monaten 40;20,45 Tithi als Mindestwert und 12 Monaten 50;07,15 Tithi als Höchstwert. Deren Differenz 9;46,30 Tithi und der Absolutbetrag der Änderung von Zyklus zu Zyklus 1;48 Tithi sind numerisch genau gleich den ihnen entsprechenden Werten in Graden bei der Längenberechnung. Im Rechenschema wurden die runden zwölf Monate nicht eigens angeschrieben, sondern stillschweigend mit der Erhöhung der Jahreszahl von Zeile zu Zeile berücksichtigt, wie es aus der folgenden Tabelle ersichtlich ist.

Beispiel für die Berechnung der Daten des Abendaufgangs Jupiters nach der babylonischen Theorie vom Typus B

Sprungweite	Jahr SE	Monat	Tithi	Monatsnamen	v. Chr.
Tithi	*240	XII/2	14;..	Schalt-Adaru	71
43;50	242	I	27;50	Nisannu	70
45;38	*243	III	13;28	Simanu	69
47;26	244	IV	0;54	Duzu	68
49;14	245	V	20;08	Abu	67
49;12,30	**246	VI/2	9;20,30	Schalt-Ululu	66
47;24,30	247	VII	26;45	Tashritu	65
45;36,30	*248	IX	12;21,30	Kislimu	64
43;48,30	249	IX	26;10	Kislimu	63
42;00,30	250	XI	8;10,30	Sabatu	61
40;29	*251	XII	18;39,30	Adaru	60
42;17	253	I	0;56,30	Nisannu	59
44;05	*254	II	15;01,30	Aiaru	58
45;53	255	III	0;54,30	Simanu	57
47;41	*256	IV	18;35,30	Duzu	56
49;29	257	V	8;04,30	Abu	55
48;57,30	258	VI	27;02	Ululu	54
47;09,30	*259	VIII	14;11,30	Arah'samna	53
45;21,30	260	VIII	29;33	Arah'samna	52

* Schaltjahr mit Verdoppelung des Adaru,
** Schaltjahr mit Verdoppelung des Ululu.

Die Tabelle ist über einen ganzen 19jährigen Schaltzyklus ausgedehnt worden, um exemplarisch zu zeigen, in welch verschiedener Weise die Berücksichtigung des Schaltmonats sich auf das zu errechnende Datum auswirken kann. In jedem dieser Fälle gehen nämlich genau 30 Tithi aus der ersten Spalte ab, als Äquivalent für den Schaltmonat, der in der Mehrzahl der Fälle nicht offen in Erscheinung tritt. Dabei zeigt sich klar die Zweckmäßigkeit der Recheneinheit Tithi.

Jeder Abendaufgang ereignet sich kurz nach Sonnenuntergang, also am Anfang eines neuen Kalendertages. Daher haben die Bruchteile der Tithi nur als Rechengröße zur Vermeidung sich anhäufender Rundungsfehler einen Sinn; sie mußten deshalb auch in der Datumsspalte zunächst ausgeschrieben werden. Aber in den später für das Archiv angefertigten Abschriften der ursprünglichen Berechnungstafeln pflegten die Babylonier meist nur die ab- oder aufgerundeten ganzen Tithi anzuschreiben, die nun vermutlich ohne weiteres mit den Kalendertagen der entsprechenden Monate gleichgesetzt wurden.

Ebenso wie bei den Längen (Seite 122), welche den ersten 12 Daten der obigen Tabelle zuzuordnen sind, erhält man das rechts stehende Resultat, indem man die auf derselben Zeile links eingetragene Sprungweite zum Datum der vorhergehenden Zeile addiert, gegebenenfalls unter Beachtung eines Schaltmonats.

Mit Sprungweiten innerhalb der gleichen Extremalwerte, aber natürlich mit verschiedenen Ausgangsdaten wurden auch die übrigen Hauptphasen Jupiters von den babylonischen Astronomen schrittweise vorausberechnet. Teile der Kolonne der für uns besonders wichtigen westlichen Stillstände sind sogar auf einem Bruchstück derselben Keilschrifttafel enthalten wie die eben besprochenen Abendaufgänge.

Im wesentlichen nach einem gleichartigen Verfahren wurden die Hauptphasen Saturns einst vorausberechnet, selbstverständlich mit Zahlenwerten, die dessen viel langsamer Bewegungsweise angepaßt waren. Für die Sprungweiten galten dabei die folgenden Extremalwerte:

Mindestzuwachs in Länge 11°14'02"30'", im Datum 22;41,25 Tithi, Höchstzuwachs in Länge 14°04'42"30'", im Datum

25;32,05 Tithi. Als Absolutbetrag der Änderung von Zyklus zu Zyklus galten die Rundwerte 0°12' in Länge, 0;12 Tithi im Datumszuwachs.

Für eine Nachrechnung der Abendaufgänge Saturns eignen sich die Angaben einer Berechnungstafel, die ursprünglich den Zeitraum von 155 bis 243 der Seleukidenära, also 88 Jahre umfaßt hat. Im erforderlichen Ausmaß gut erhalten sind Länge und Datumseintragung zum 9. Tebetu des Jahres SE 166 (7. Januar 145 v. Chr.), woraus sich die folgenden Anfangszeilen für die Fortsetzung der Rechnung ergeben:

			Abendaufgang Saturns			
Sprungw.	Länge		Sprungw.	Jahr	Monat	Tithi
Grad	16°27'25"	Krebs	Tithi	166	X	9;..
12°57'05"	29 24 30	Krebs	24;24,50	*167	XI	3;24,50
12 45 05	12 9 35	Löwe	24;12,50	168	X	27;37,40

Vorausgesetzt, daß im weiteren Verlauf der Rechnung weder eine beabsichtigte Korrektur noch ein ungewollter Fehler stattfand, sind in diesen drei Zeilen und den Extremalwerten der Sprungweiten die Längen und Tithi-Daten aller künftigen und vorhergehenden Abendaufgänge Saturns theoretisch festgelegt. Die babylonischen Astronomen haben diese Rechnungen Schritt um Schritt über viele Jahrzehnte fortgeführt, weil sie ja an den Ergebnissen jedes einzelnen Jahres interessiert waren. Ein moderner Rechner kann die Summation der abwechselnd fallenden und steigenden arithmetischen Reihen zu je 14, seltener 15 Gliedern freilich viel einfacher und rascher bewerkstelligen, ohne alle Zwischenresultate anzuschreiben, sofern diesen nicht aus besonderen Gründen wesentliche Bedeutung zukommt.

Um aber zu zeigen, daß das Rechenverfahren vom Typus B (nach moderner Bezeichnung) in den Händen der babylonischen Astronomen einen ähnlichen Zweck erfüllte wie die ihnen noch unbekannte Sinusfunktion, eignet sich sehr gut das Modell eines idealisierten Saturns, der in genau 28 Zyklen die 360 Grad des Tierkreises durchlaufen möge. Abzüglich einer mittleren Fortbewegungsgeschwindigkeit von 360:28 = 12,857.. Grad pro Zyklus sollen die (theoretischen) Extremwerte der Sprungweiten 1,4 Grad und die Änderung der Sprungweite von Zyklus zu Zyklus 0,2 Grad (genau wie in der babylonischen Theorie des wirklichen Saturn) betragen. Als Anfangswert dieses periodischen Teils der Bewegung des fiktiven Saturn nehmen wir 0,0 Grad und beginnen mit dem „Startsprung" +1,3 Grad. Von da aus soll die Sprungweite stufenweise um je 0,2 Grad abnehmen bis –1,3 Grad beim 14. und 15. Schritt, zwischen denen das theoretische negative Extremum zu denken ist. Vom 15. Schritt an seien die Änderungen der Sprungweiten 13mal +0,2 Grad.

Das Ergebnis dieser Rechenvorschrift ist in der nachstehenden Tabelle dargestellt. Manche Leser mögen es bereits vorher erraten haben, daß der periodische Anteil an der Lage einer beliebigen Phase des Modellplaneten sich in Abhängigkeit von der laufenden Zyklusnummer als zwei spiegelgleiche Parabelscheitel erweist, die gegeneinander um eine halbe Periode verschoben sind und demnach in der Mitte stetig ineinander übergehen. Die so entstandene Kurve ähnelt einer stark überhöht gezeichneten Sinuskurve, ohne freilich deren vorzügliche mathematische Eigenschaften zu besitzen.

n	D	L_p	n	D	L_p	n	D	L_p
		0,0						
1	+1,3	+1,3	8	–0,1	+4,8	15	–1,3	–1,3
2	1,1	2,4	9	–0,3	4,5	16	–1,1	–2,4
3	0,9	3,3	10	–0,5	4,0	17	–0,9	–3,3
4	0,7	4,0	11	–0,7	3,3	18	–0,7	–4,0
5	0,5	4,5	12	–0,9	2,4	19	–0,5	–4,5
6	0,3	4,8	13	–1,1	1,3	20	–0,3	–4,8
7	+0,1	+4,9	14	–1,3	0,0	21	–0,1	–4,9

n = Ordnungsnummer der Zyklen; D = Differenz (Sprungweite); L_p = Länge minus (360 n : 28) Grad. Das aus Raumgründen hier weggelassene letzte Viertel der Periode (n = 22 bis 28) gleicht mit entgegengesetzten Vorzeichen genau dem zweiten Viertel.

Wie aus den vorgerechneten Beispielen (Seite 122 und 123) ersichtlich ist, behandelten die babylonischen Astronomen in ihren langfristigen Vorausberechnungen der Planeten jede Phase formal ganz unabhängig von den anderen. Jedoch verfügten sie daneben über bestimmte Erfahrungswerte für die Differenzen, ausgedrückt in Graden und Tithi, beispielsweise zwischen dem Abendaufgang eines Planeten und dem vorausgehenden oder folgenden Stillstand desselben. Natürlich waren diese Erfahrungswerte nur grob abgestuft, bei Saturn in einen rascher und einen langsamer durchlaufenen Abschnitt des Tierkreises, bei Jupiter außerdem mit zwei Übergangszonen mittlerer Geschwindigkeit. Jedoch genügte das für eine gewisse wechselseitige Kontrolle der über viele Jahrzehnte nebeneinander geführten Berechnungen mehrerer Phasen. Machte sich dabei ein vielleicht schon früher begangener kleiner Fehler in weiterer Folge durch auffallend abnorme Resultate bemerkbar, dann konnten die im Anschluß an eine fehlerfrei berechnete Nachbarphase mittels der runden „Erfahrungswerte" näherungsweise bestimmten Längen und Monatsdaten einen gut brauchbaren Ersatz bieten.

Ein solcher Fall ist bei den westlichen Stillständen des Saturn auf Fragmenten einer originalen Berechnungstafel am Anfang des letzten vorchristlichen Jahrhunderts nachweisbar. Der anscheinend zunächst unbemerkt gebliebene Anlaß war ein nur eine einzige Ziffer betreffender Übertragungsfehler beim Umwenden der Rechentafel zwecks Fortsetzung auf der Rückseite. Als in der Folge allmählich immer deutlicher fehlerhafte Resultate hervortraten, obwohl alle weiteren Rechenschritte formal korrekt ausgeführt waren, scheinen die babylonischen Astronomen sich später damit begnügt zu haben, die Stillstände Saturns in der oben angedeuteten Weise an den jeweils in demselben Zyklus gelegenen und korrekt berechneten Abendaufgang anzuschließen. Man erkennt dies an den nunmehr standardisierten Intervallen zwischen den Daten der Stillstände einerseits und den Abendaufgängen andererseits auf den meisten Kalendertäfelchen der Spätzeit.

Nun ist es ja für uns ein Kernproblem herauszufinden, wie die Magier aufgrund der in ihrem Archiv aufbewahrten älteren Berechnungstafeln die herausragende Besonderheit der Begegnung von Jupiter und Saturn im Jahre 7 v. Chr. schon im voraus erkennen konnten. Dafür genügt leider nicht die zufallbedingte Auswahl der Daten auf den erhalten gebliebenen Berechnungstafeln und Kalendertäfelchen. Vielmehr war es notwendig, durch regeltreue Fortsetzung von vorhandenen Fragmenten babylonischer Berechnungstafeln eben jene Vergleichsdaten zu rekonstruieren, die einst noch unversehrt den Magiern zur Verfügung standen. Selbstverständlich wurde dabei auch der zuvor erwähnte Methodenwechsel bei der Berechnung der Stillstände Saturns gehörig berücksichtigt.

Das Ergebnis dieser Rekonstruktion ist in möglichst gedrängter Form in einer hier erstmals veröffentlichten Tabelle der sieben paarweise zusammengehörigen Abendaufgänge der zwei hochbedeutsamen Planeten zwischen 126 und 7 v. Chr. (Seite 141) zusammengestellt worden. Man sieht darin auf einen Blick, daß besonders das zuletzt genannte, in geringerem Maß auch das zuerst angeführte Paar von Abendaufgängen durch die Kleinheit der Längendifferenz sehr deutlich vor den übrigen ausgezeichnet waren. In beiden Fällen findet man den außergewöhnlichen Charakter der Erscheinungen noch gesteigert bei dem zweiten (westlichen) Stillstand, der zusammen mit dem östlichen Stillstand in einer kurzen Ergänzungstabelle zahlenmäßig festgehalten ist. Diese Feststellungen gelten unberührt von der bekannten Tatsache, daß die babylonischen Längenangaben nicht mit der von den hellenistischen Astronomen eingeführten Definition übereinstimmen, sondern auf der Annahme einer zeitlich unveränderlichen Länge der „Normalsterne“ beruhen.

Ein Blick auf die Tabelle der Abendaufgänge genügt, um den gelegentlich geäußerten kritischen Einwand zu widerlegen, die babylonischen Sterndeuter seien nicht in der Lage gewesen, die in rund sechzigjährigen Intervallen sich ereignenden Begegnungen von Jupiter und Saturn in den Fischen unterschiedlich zu bewerten. Richtig ist vielmehr, daß sogar schon in den knappen Eintragungen der Kalendertäfelchen die große Differenz der Daten beispielsweise im Jahr SE 245 (67/66 v. Chr.) sie auf den gleichfalls sehr beträchtlichen Längenunterschied hinwies, der in den Berechnungstafeln ihres Archivs genau ersichtlich war. Dadurch auf-

128

merksam geworden, konnten sie dann aus den gleichfalls berechneten Daten und Längen der Untergänge und Frühaufgänge entnehmen, daß im genannten Jahr nur ein flüchtiger Vorübergang Jupiters an Saturn zu erwarten war, kein längeres gemeinsames Verweilen wie SE 186 oder gar 305.

Besondere Erwähnung verdient übrigens auch der östliche Planetenstillstand des Jahres SE 285 (27/26 v. Chr.): Damals fanden nämlich die ersten Stillstände von Jupiter und Saturn auf 3°14' und 6°15' des Zeichens Löwe statt, also zu beiden Seiten eines vorzugsweise beachteten „Normalsterns", des auch als „Regulus" wohlbekannten Königssterns im Löwen. Ungefähr zu gleicher Zeit näherte sich von Westen her auch Mars dem ersten Kehrpunkt seiner Bahn und trat an die Seite Jupiters. Endlich gesellte sich am 20. Arah'samna (23. November 27 v. Chr.) fast gleichzeitig mit dem errechneten Stillstandsdatum Jupiters in den Stunden vor Sonnenaufgang der abnehmende, aber noch reichlich halbvolle Mond der Gruppe bei. Auch in diesem Fall handelte es sich um ein Himmelsereignis, das schon jahrelang im voraus aus den babylonischen Berechnungstafeln ersichtlich war.

Da deren Originale leider nicht mehr vorhanden sind und in diesen trotz der hohen Perfektion der babylonischen Mondrechnung begreiflicherweise niemals die Längen des Mondes von Stunde zu Stunde enthalten waren, sind in der nachstehenden kleinen Tabelle die wesentlichen Angaben zu dieser außergewöhnlichen Konstellation nach den modernen Planetentafeln von B. Tuckerman zusammengestellt worden:

Gestirn	Länge	Breite
Mars	119°,7	+2°,8
Jupiter	121,0	+0,8
Regulus	121,8	+0,3
Mond	122	+4,6
Saturn	124,1	+1,0

Planetenversammlung im Löwen am 23. November 27 v. Chr.; Mond etwa 6 Uhr Ortszeit Babylon; Längen nach moderner Definition.

Angesichts dieser zweifellos nicht nur theoretisch, sondern auch bei spontaner Betrachtung des Himmels an jenem Morgen überaus eindrucksvoll gewesenen Konstellation drängen sich mancherlei Fragen auf.

Zunächst sei eine kleine Abschweifung gestattet: Kenner der Geschichte des Altertums werden sich wohl zuerst an das monumental dargestellte „Löwenhoroskop" des Königs Antiochos von Kommagene (Regierungszeit 69 bis 34 v. Chr.) auf dem Berg Nemrud-Dagh (Osttürkei) erinnert fühlen. Nach O. Neugebauer stellt es eine Planetenbegegnung nächst Regulus im Löwen in der Abenddämmerung des 7. Juli 62 v. Chr., also im siebenten Regierungsjahr des genannten Königs dar. Der Herrscher sah sich am Himmel durch den Stern Regulus vertreten und glaubte daher, wie die beigefügte Inschrift sagt, die beteiligten Planetengötter hätten ihn als gleichrangig in ihren Kreis aufgenommen: Zeus-Jupiter zur Rechten des Regulus, links von diesem Mond, Hermes-Merkur und Ares-Mars. Die Inschriften auf den imposanten Ruinen des bei Lebzeiten des Königs errichteten Mausoleums auf dem Nemrud-Dagh beweisen, daß für Antiochos die Astrologie keine bloße Tändelei, auch nicht nur ein Hilfsmittel für tagespolitische Entschlüsse war, sondern ein offenbar wirksames Mittel, Ansehen und Machtstellung des Herrschers zu heben.

Abgesehen von dem in beiden Fällen nur rasch vorübereilenden Mond war die Konstellation vom 23. November 27 v. Chr. in mehrfacher Hinsicht bemerkenswerter als jene des Antiochos. Bei letzterer waren die beteiligten Planeten über rund 15 Längengrade verteilt, im Jahre 27 v. Chr. drängten sie sich in gleicher Anzahl auf nur 4,5 Grad zusammen. Dazu kommt, daß diese Konstellation sehr viel dauerhafter war als die 35 Jahre früher so anmaßend gedeutete. Denn die drei Planeten mit den längsten Umlaufperioden, Saturn, Jupiter und Mars, trafen sich im fast gleichzeitigen Stillstand. Das heißt, daß man mit freiem Auge mehrere Nächte lang keine merkliche Veränderung ihrer Stellungen gegenüber dem Königsstern wahrnehmen konnte. Der Umstand, daß zum Unterschied von der Antiochos-Konstellation Saturn, der langsamst laufende Planet, beteiligt war, erhöhte noch beträchtlich den Seltenheitswert des Vorgangs.

Mit der Frage, wie die zeitgenössischen Astrologen diese außergewöhnliche Konstellation gedeutet haben mögen, brauchen wir uns nicht zu befassen. Aber für die Magier der Zeit Jesu kam noch der folgende merkwürdige Umstand hinzu: Am 20. Arah'samna SE 285 (27 v. Chr.) trat der Mond in die Versammlung der drei neben dem Königsstern stehengebliebenen Planeten ein. Zwanzig Jahre später, nach dem babylonischen Mondkalender am gleichen Monatstag, dem 20. Arah'samna SE 305 (7 v. Chr.) sollte den Vorausberechnungen zufolge Jupiter dicht neben Saturn den westlichen Stillstandpunkt erreichen. Überdies war 20 die „Zahl" der Sonne; denn zwei nebeneinander gestellte Zehnerzeichen wurden als Kürzel für diese verwendet, und zwar in bewußter Überlegung, nicht etwa infolge zufälliger Ähnlichkeit der Schriftzeichen!

Endlich waren beide Konstellationen durch die Beteiligung von Jupiter und Saturn von solcher Art, daß ihre Wiederkehr bestenfalls nach 854 Jahren erwartet werden durfte. Da war wohl der Gedanke nicht ausgeschlossen, daß jene von SE 285, ein östlicher Planetenstillstand mit drei Grad Abstand zwischen Jupiter und Saturn, gleichsam als Vorsignal für den 20 Jahre später westlichen Stillstand mit der errechneten Längendifferenz drei Bogenminuten verstanden werden dürfe und daß beide zusammen Künder eines neuen Zeitalters seien. Der schillernde Begriff „Aion" (Zeitalter) spielt auch in den Inschriften von Nemrud-Dagh eine nicht geringe Rolle.

Freilich kann und soll hier nicht mehr, aber auch nicht weniger behauptet werden, als daß solche eigentlich irrationalen Gedankengänge nach dem Weltverständnis der Magier denkbar waren. Ob sie wirklich in solcher Art gedacht worden sind, kann man weder beweisen noch mit zwingenden Gründen abstreiten. Die früheren Überlegungen zur Deutung des Sterns durch die Magier (Seite 47 ff.) bleiben davon unberührt.

Abschließend muß hier erwähnt werden, daß in manchen Beschreibungen der Planetenbegegnung des Jahres 7 v. Chr. die drei Zeitpunkte der genauen Konjunktion in ekliptikaler Länge, entsprechend den Minima des scheinbaren Abstands zwischen Jupiter und Saturn erheblich überbewertet erscheinen.

131

Daten und Abstände bei den Konjunktionen in 7 v. Chr.

Erste Konjunktion in Länge	24. Mai	1,01 Grad
	27. Mai	0,99 Grad
	3. Juni	1,14 Grad
Zweite Konjunktion in Länge	21. September	1,20 Grad
	6. Oktober	0,98 Grad
	31. Oktober	1,20 Grad
Dritte Konjunktion in Länge	1. Dezember	1,05 Grad
	10. Dezember	1,15 Grad

Denn es zeigt sich, daß sogar beim ersten zügigen Vorübergang Jupiters an Saturn der Zeitpunkt des kleinsten Abstands bei freiäugiger Beobachtung innerhalb einer Woche unsicher blieb. Noch weniger konnte man von Ende September bis Anfang Dezember die geringen täglichen Abstandsänderungen wahrnehmen.

Diesem Sachverhalt entsprechend spielen in unserer Erklärung des Sterns von Bethlehem die drei Konjunktionen überhaupt keine Rolle. Der Einwand, daß diese weder in den babylonischen Kalendertäfelchen noch im biblischen Magierbericht erwähnt werden, ist also für uns gegenstandslos geworden.

Über die Magier

Nicht nur der Evangelist, sondern auch die ältesten außerbiblischen Nachrichten nennen keine Namen der nach Bethlehem gekommenen Magier. Die schon in den ältesten Bilddarstellungen erkennbare Annahme, daß sie Perser gewesen seien, beruhte wohl nicht auf echter Überlieferung, sondern auf dem Wissen, daß die Kaste der Magier ursprünglich persischer Herkunft war, während Simon Magus oder Barjesus Elymas (Seite 55) als Randerscheinungen betrachtet wurden.

So hat dann der unbekannte Verfasser einer syrischen Legende im späten fünften Jahrhundert den drei Magierkönigen Namen persischer Herrscher aus der Sassanidendynastie angedichtet, nämlich Hormisda, Jesdegerd und Perosadh; doch sollten nach dieser obskuren Quelle die zwei letzteren Könige von Saba und von Scheba gewesen sein in Anlehnung an ein Zitat aus dem Jesaja-Buch. Einige Jahrzehnte später tauchten in einer anderen syrischen Legendenschrift als angebliche Namen der Magierkönige auf: Hor von Persien, Basantor von Saba und Karsudas, König des Ostlandes. Der erste Name könnte eine vielleicht nur versehentlich gekürzte Form von Hormisda sein; die Herkunft der beiden anderen ist ungewiß.

Als älteste schriftliche Bezeugung der uns gewohnten Magiernamen gilt eine um 500 n. Chr. in armenischer Sprache verfaßte Kindheitsgeschichte Jesu. Darin heißen die Drei Könige Melkon von Persien, Gaspar von Indien und Baltassar von Arabien.

Wenigstens die zwei erstgenannten dieser Namen können auf eine in Ägypten bald nach 412 abgeschlossene „Weltchronik" zurückgeführt werden, deren Inhalt aus einer lateinischen Bearbeitung bekannt ist (Paris, Bibl. Nat., Ms. lat. no. 4884). Für eine gewisse Quellentreue der Bearbeitung sprechen einige Datierungen mit alexandrinischen Monatsnamen sowie die Tatsache, daß die Magier darin noch nicht als „Könige" vorgestellt werden. Hier werden sie Bithisarea, Melichior und Gathaspa genannt.

133

Besonders der letztere Name läßt vermuten, daß ihn nicht der Kompilator der Chronik oder spätere Bearbeiter erdichtet haben. Vielmehr könnte es sich hier um einen Fund des Gelehrten Panodoros handeln, der gegen Ende des vierten Jahrhunderts in einem leider verschollenen Werk den Beziehungen der Bibel zu den Überlieferungen der Ägypter und Chaldäer nachgeforscht haben soll. Vielleicht ist ihm dabei eine solche Vierdrachmen-Münze zu Gesicht gekommen, wie in Abbildung 2 d (Seite 18) gezeigt: Man sieht darauf das Bild eines Königs hoch zu Roß, umrahmt von seinem griechisch geschriebenen Titel und Namen. Er scheint einem bestimmten Stern nachzureiten, der vor dem Kopf des Pferdes durch ein Symbol dargestellt ist, das dem uns gewohnten Zeichen des Planeten Merkur ähnelt. Das Münzbild legte den Gedanken nahe, darin einen der Magierkönige dargestellt zu sehen.

Merkwürdigerweise begnügte sich Panodoros nicht mit der für ihn leicht lesbaren griechischen Form des Königsnamens Gondophar(as) auf der Vorderseite, sondern ließ sich von einem Dolmetscher die indo-baktrische Inschrift der Rückseite buchstabieren, wobei aus korrekt Gadaphar Gatha(s)par wurde, was um so leichter geschehen konnte, als im Griechischen th und ph durch je ein Schriftzeichen wiedergegeben werden. Durch Verkürzung entstand daraus zuletzt die Form Gaspar oder Caspar.

Wenn der sprachenkundige Panodoros als frühester Gewährsmann der Magiernamen in Betracht kommt, kann man Bithisarea nicht als grobe Verballhornung von Baltassar abtun, sondern es allenfalls durch Abschreibfehler aus Bithirisa entstanden denken. Dies wäre die korrekte Umsetzung des iranischen Namens Withirisa ins Griechische, das kein Schriftzeichen für den Anlaut W hat. Panodoros könnte erfahren haben, daß nach sagenhafter Überlieferung Withirisa ein Magier war, der das aus purem Licht bestehende Zeichen der legitimen Königswürde in seinen Besitz zu bringen versuchte. Damit wäre dann eine gewisse Gedankenverbindung zu Melchior, dem „König des Lichts", gegeben gewesen. Weil man aber in der christlichen Verkündigung mit dem fremdartigen Namen Bithirisa nichts anzufangen wußte, ersetzte man ihn bald durch den nur entfernt anklingenden Namen Baltassar, den chaldäischen Beinamen Daniels, des biblischen Propheten der Messianischen Endzeit.

Die uns vertrauten Namen der Magier scheinen also das Ergebnis ernsthafter, obgleich unzulänglicher Nachforschungen eines ägyptischen Gelehrten um 400 n. Chr. zu sein. Ein König Gadaphar, von dem außer den auf seinen Namen geprägten Münzen fast nichts bekannt ist, hat wohl im 1. Jahrhundert gelebt, aber nicht in Babylon oder in der benachbarten Residenzstadt Ktesiphon am Tigris, sondern im fernen Baktrien, dem nordöstlichen Teil des heutigen Afghanistan. Im angrenzenden Pakistan, bei Peschawar, ist unter anderen alten Münzen auch das auf Seite 18 abgebildete Exemplar gefunden worden. Ein ähnliches Stück mag durch den im Altertum blühenden Fernhandel nach Ägypten gelangt sein und den Namen des darauf abgebildeten Herrschers dort bekannt gemacht haben.

Aber es ist ausgeschlossen, daß dieser König selbst sein Reich verlassen hätte, um mit kleinem Gefolge mehr als dreitausend Kilometer weit nach Jerusalem zu reisen. Gewiß läßt das Sternsymbol vor dem Kopf seines Pferdes vermuten, daß die Astrologie auch im Weltbild Gadaphars einen wichtigen Platz einnahm. Doch für jene besondere Kombination aus Sterndeutung und jüdischer Messiaserwartung, die wir bei den Magiern in Babylon mit Recht als gegeben voraussetzen durften, fehlte im fernen Baktrien jegliche Grundlage. Noch unbestimmter sind die Anhaltspunkte für die Herkunft der Namen Withirisa (Baltassar) und Melchior. Wir kommen also zu dem Schluß, daß trotz der seit dem Frühmittelalter fast allgemeinen Übereinstimmung der Christenheit hinsichtlich der Magiernamen Gaspar, Melchior und Baltassar keine vor das 4. Jahrhundert zurückreichende Tradition für diese nachgewiesen oder auch nur wahrscheinlich gemacht werden kann.

Von der Ungewißheit der Namen der Magier bleiben die wesentlichen Ergebnisse dieses Buches jedoch unberührt. Die zwei wichtigsten seien an dieser Stelle nochmals hervorgehoben: Jupiter als Stern des Messias blieb neben Saturn am 12. November 7 v. Chr. über Bethlehem (scheinbar) stehen (Seite 68). Nach einer chronologisch gut gesicherten außerbiblischen Überlieferung war das Jesuskind bei der Ankunft der Magier in Bethlehem schon etwa zehn Monate alt. Sein eigentlicher Geburtstag war nach dem damaligen jüdischen Kalender der 15. Tebeth des Jahres 305 der bürgerlichen Seleukidenära. An dessen Stelle ist schon vom ersten Jahrestag an in der Alexandrinischen Überlieferung der 11. Tybi und dann der diesem Datum entsprechende 6. Januar getreten, den die Ostkirche im Altertum als Christi Geburtsfest gefeiert hat (Seite 90).

Bei den Überlegungen, die zu dem erstgenannten Hauptergebnis geführt haben, mußten neben rein astronomischen Gründen auch die astrologischen Vorstellungen der Magier, soweit sie uns irgendwie bekannt sind, als ein wesentlicher Bestandteil ihres Weltbildes in Betracht gezogen werden. Um dies als Tatsache hinzunehmen, braucht man der Astrologie durchaus keinen objektiven Wahrheitsgehalt zuzubilligen. Für einen Skeptiker mag das ganze Unternehmen der Magier von Anfang an eine einzige große Selbsttäuschung gewesen sein, gefördert durch eine Kette scheinbar glücklicher Zufälle.

Nach dem Glauben des Evangelisten aber war die Geburt des Kindes in Bethlehem noch unendlich viel mehr als ein „Jahrtausendereignis" in dem Sinne, wie die Magier die Planetenbegegnung ausgedeutet hatten. Es war in dieser Welt etwas ganz Einmaliges, außerhalb jeder wissenschaftlichen Regel. Aus dieser Perspektive verblaßt die Grenzlinie zwischen echtem und vermeintlichem Wissen des Menschen. So darf man wohl annehmen, daß eine göttliche Fügung auch an den irrenden Sternglauben der Magier anknüpfen konnte, um sie zum wahren Messias hinzuführen.

Aus dem Evangelium nach Matthäus
Kap. 2, 1–12 und 16

Κατὰ Μαθθαῖον β΄

Τοῦ δὲ Ἰησοῦ γεννηθέντος ἐν Βηθλέεμ τῆς Ἰουδαίας ἐν ἡμέραις Ἡρῴδου τοῦ βασιλέως, ἰδοὺ μάγοι ἀπὸ ἀνατολῶν παρεγένοντο εἰς Ἱεροσόλυμα ²λέγοντες· ποῦ ἐστιν ὁ τεχθεὶς βασιλεὺς τῶν Ἰουδαίων; εἴδομεν γὰρ αὐτοῦ τὸν ἀστέρα ἐν τῇ ἀνατολῇ, καὶ ἤλθομεν προσκυνῆσαι αὐτῷ. ³ἀκούσας δὲ ὁ βασιλεὺς Ἡρῴδης ἐταράχθη, καὶ πᾶσα Ἱεροσόλυμα μετ᾽ αὐτοῦ. ⁴ καὶ συναγαγὼν πάντας τοὺς ἀρχιερεῖς καὶ γραμματεῖς τοῦ λαοῦ ἐπυνθάνετο παρ᾽ αὐτῶν, ποῦ ὁ χριστὸς γεννᾶται. ⁵οἱ δὲ εἶπαν αὐτῷ· ἐν Βηθλέεμ τῆς Ἰουδαίας. οὕτως γὰρ γέγραπται διὰ τοῦ προφήτου·

⁶Καὶ σὺ Βηθλέεμ, γῆ Ἰούδα,
οὐδαμῶς ἐλαχίστη εἶ ἐν τοῖς ἡγεμόσιν Ἰούδα.
ἐκ σοῦ γὰρ ἐξελεύσεται ἡγούμενος,
ὅστις ποιμανεῖ τὸν λαόν μου τὸν Ἰσραήλ.

⁷Τότε Ἡρῴδης λάθρα καλέσας τοὺς μάγους ἠκρίβωσεν παρ᾽ αὐτῶν τὸν χρόνον τοῦ φαινομένου ἀστέρος, ⁸καὶ πέμψας αὐτοὺς εἰς Βηθλέεμ εἶπεν· πορευθέντες ἐξετάσατε ἀκριβῶς περὶ τοῦ παιδίου· ἐπὰν δὲ εὕρητε, ἀπαγγείλατέ μοι, ὅπως κἀγὼ ἐλθὼν προσκυνήσω αὐτῷ. ⁹οἱ δὲ ἀκούσαντες τοῦ βασιλέως ἐπορεύθησαν. καὶ ἰδοὺ ὁ ἀστήρ, ὃν εἶδον ἐν τῇ ἀνατολῇ, προῆγεν αὐτοὺς ἕως ἐλθὼν ἐστάθη ἐπάνω οὗ ἦν τὸ παιδίον. ¹⁰Ἰδόντες δὲ τὸν ἀστέρα ἐχάρησαν χαρὰν μεγάλην σφόδρα. ¹¹καὶ ἐλθόντες εἰς τὴν οἰκίαν εἶδον τὸ παιδίον μετὰ Μαρίας τῆς μητρὸς αὐτοῦ, καὶ πεσόντες προσεκύνησαν αὐτῷ, καὶ ἀνοίξαντες τοὺς θησαυροὺς αὐτῶν προσήνεγκαν αὐτῷ δῶρα, χρυσὸν καὶ λίβανον καὶ σμύρναν. ¹²καὶ χρηματισθέντες κατ᾽ ὄναρ μὴ ἀνακάμψαι πρὸς Ἡρῴδην, δι᾽ ἄλλης ὁδοῦ ἀνεχώρησαν εἰς τὴν χώραν αὐτῶν. ¹³Ἀναχωρησάντων δὲ αὐτῶν...

¹⁶Τότε Ἡρῴδης ἰδὼν ὅτι ἐνεπαίχθη ὑπὸ τῶν μάγων ἐθυμώθη λίαν, καὶ ἀποστείλας ἀνεῖλεν πάντας τοὺς παῖδας τοὺς ἐν Βηθλέεμ καὶ ἐν πᾶσι τοῖς ὁρίοις αὐτῆς ἀπὸ διετοῦς καὶ κατωτέρω, κατὰ τὸν χρόνον ὃν ἠκρίβωσεν παρὰ τῶν μάγων.

Ἅμα γὰρ τῷ γεννηθῆναι αὐτὸν μάγοι ἀπὸ Ἀρραβίας
παραγενόμενοι προσεκύνησαν αὐτῷ, πρότερον ἐλθόντες
πρός Ἡρώδην τόν ἐν τῇ γῇ ὑμῶν τότε βασιλεύοντα,
ὅν ὁ λόγος καλεῖ βασιλέα Ἀσσυρίων διά τὴν ἄθεον
καί ἄνομον αὐτοῦ γνώμην.
Καί γὰρ οὗτος ὁ βασιλεὺς Ἡρώδης, μαθὼν παρὰ τῶν
πρεσβυτέρων τοῦ λαοῦ ὑμῶν, τότε ἐλθόντων πρὸς
αὐτόν τῶν ἀπό Ἀρραβίας μάγων καί εἰπόντων ἐξ
ἀστέρος τοῦ ἐν τῷ οὐρανῷ φανέντος ἐγνωκέναι ὅτι
βασιλεὺς γεγέννηται ἐν τῇ χώρᾳ ὑμῶν, καὶ ἤλθομεν
προσκυνῆσαι αὐτόν, καὶ ἐν Βηθλεὲμ τῶν πρεσβυτέρων
εἰπόντων, ὅτι γέγραπται ἐν τῷ προφήτῃ οὕτως·
    καὶ σύ, Βηθλεέμ, γῆ Ἰούδα,
    οὐδαμῶς ἐλαχίσθη εἶ ἐν τοῖς ἡγεμόσιν Ἰούδα·
    ἐκ σοῦ γὰρ ἐξελεύσεται ἡγούμενος,
    ὅστις ποιμανεῖ τὸν λαόν μου.
τῶν ἀπό Ἀρραβίας οὖν μάγων ἐλθόντων εἰς Βηθλεὲμ
καί προσκυνησάντων τὸ παιδίον καί προσενεγκάντων αὐτῷ
δῶρα, χρυσὸν καί λιβανὸν καί σμύρναν, ἔπειτα κατ'
ἀποκάλυψιν, μετὰ τὸ προσκυνῆσαι τὸν παῖδα ἐν Βηθλεέμ,
ἐκελεύσθησαν μή ἐπανελθεῖν πρὸς τὸν Ἡρώδην. —
    Καί ὅτι ὡς ἄστρον ἔμελλεν ἀνατέλλειν αὐτὸς διὰ τοῦ
γένους τοῦ Ἀβραάμ, Μωσῆς παρεδήλωσεν οὕτως εἰπών·
    Ἀνατελεῖ ἄστρον ἐξ Ἰακὼβ
    καί ἡγούμενος ἐξ Ἰσραήλ.
    Καί ἄλλη δὲ γραφή φησιν·
    Ἰδοὺ ἀνήρ, ἀνατολή ὄνομα αὐτῷ.
Ἀνατείλαντος οὖν καί ἐν οὐρανῷ ἄμα τῷ γεννηθῆναι
αὐτόν ἀστέρος, ὡς γέγραπται ἐν τοῖς ἀναμνημονεύμασι
τῶν ἀποστόλων αὐτοῦ, οἱ ἀπό Ἀρραβίας μάγοι ἐκ τούτου
ἐπιγνόντες παρεγένοντο καί προσεκύνησαν αὐτῷ.

Übersetzung Seite 79f.

Proto-Evangelium Iacobi, Kap. 21
nach Papyrus-Codex Bodmer V,

Και ειδου Ιωσηφ ητυμασθη του εξελθειν εν τη Ιουδεα.
και θυρυβοσ εγενετο μεγασ εν Βηθλεμ τησ Ιουδεασ.
ηλθωσαν γαρ μαγοι λεγοντεσ· που εστιν ο βασιλευσ
των Ιουδεων; ιδομεν γαρ τον αστερα αυτου εν τη
ανατολη και ηλθαμεν προσκυνησε αυτω.
και ακουσασ ο Ηρωδησ ετα'ραχθη. και επεμψεν
υπηρετασ και μετεπεμφατο αυτουσ. και διεσαφησαν
αυτω περι του αστεροσ.
και ειδου ειδον α σ τ ε ρ α σ εν τη ανατολη και π ρ ο η γ α ν
αυτουσ εωσ εισηλθαν εν τω σπηλαιω. και εστη
επι την κεφαλην του παιδιου. και ιδοντεσ οι μαγοι
εστωτα μετα τησ μητροσ αυτου Μαριασ εξεβαλλον
απο τησ πηρασ αυτων δωρα χρυσον και λιβανον και
σμυρναν. και χρηματισθεντεσ υπο του αγγελου δια
αλλησ οδου ανεχωρησαν εισ την χωραν.
Τοτε Ηρωδησ ειδων οτι ενεπεχθη υπο των μαγων'
οργισθισ επεμψεν αυτου τουσ φονευτασ λεγων αυτοισ
ανελειν παντα τα βρεφη απο διετιασ και κατω.
και ακουσασα η Μαρια οτι τα βρεφη ανελειται
φοβηθεισα ελαβεν τον παιδα και ευπαργανωσεν αυτον
και εβαλεν εν παθνη βοων.

Buchstabentreue Abschrift des Originals, in welchem die akzentlos geschriebenen Buchstaben ohne Worttrennung, Absatzgliederung und Satzzeichen
gleichmäßig aneinandergereiht den Schreibraum innerhalb breiter Ränder
füllen. Vergleiche Abbildung 8b, Seite 40; Übersetzung Seite 82.

Klemens von Alexandria, Stromata, I. Buch
§ 145, 1–6; § 146, 1–4

Ἐγεννήθη δὲ ὁ κύριος ἡμῶν τῷ ὀγδόῳ καὶ εἰκοστῷ ἔτει, ὅτε 145 πρῶτον ἐκέλευσαν ἀπογραφὰς γενέσθαι ἐπὶ Αὐγούστου. ὅτι δὲ τοῦτ' 2 ἀληθές ἐστιν, ἐν τῷ εὐαγγελίῳ τῷ κατὰ Λουκᾶν γέγραπται οὕτως· ›ἔτει δὲ πεντεκαιδεκάτῳ ἐπὶ Τιβερίου Καίσαρος ἐγένετο ῥῆμα κυρίου ἐπὶ Ἰωάννην τὸν Ζαχαρίου υἱόν.‹ καὶ πάλιν ἐν τῷ αὐτῷ· ›ἦν δὲ Ἰησοῦς ἐρχόμενος ἐπὶ τὸ βάπτισμα ὡς ἐτῶν λ'.‹ καὶ ὅτι ἐνιαυτὸν 3 μόνον ἔδει αὐτὸν κηρῦξαι, καὶ τοῦτο γέγραπται οὕτως· ›ἐνιαυτὸν δεκτὸν κυρίου κηρῦξαι ἀπέστειλέν με.‹ τοῦτο καὶ ὁ προφήτης εἶπεν καὶ τὸ εὐαγγέλιον. πεντεκαίδεκα οὖν ἔτη Τιβερίου καὶ πεντεκαίδεκα 4 Αὐγούστου, οὕτω πληροῦται τὰ τριάκοντα ἔτη ἕως οὗ ἔπαθεν. ἀφ' 5 οὗ δὲ ἔπαθεν ἕως τῆς καταστροφῆς Ἱερουσαλὴμ γίνονται ἔτη μβ' μῆνες γ', καὶ ἀπὸ τῆς καταστροφῆς Ἱερουσαλὴμ ἕως Κομόδου τελευτῆς ἔτη ρκβ' μῆνες ι' ἡμέραι ιγ'. γίνονται οὖν ἀφ' οὗ ὁ κύριος ἐγεννήθη ἕως Κομόδου τελευτῆς τὰ πάντα ἔτη ρϟδ' μὴν εἷς ἡμέραι ιγ'. εἰσὶ δὲ οἱ περιεργότερον τῇ γενέσει τοῦ σωτῆρος ἡμῶν οὐ 6 μόνον τὸ ἔτος, ἀλλὰ καὶ τὴν ἡμέραν προστιθέντες, ἥν φασιν ἔτους κη' Αὐγούστου ἐν πέμπτῃ Παχὼν καὶ εἰκάδι.

Οἱ δὲ ἀπὸ | Βασιλείδου καὶ τοῦ βαπτίσματος αὐτοῦ τὴν ἡμέραν 146 ἑορτάζουσι προδιανυκτερεύοντες ⟨ἐν⟩ ἀναγνώσεσι. φασὶ δὲ εἶναι τὸ 2 πεντεκαιδέκατον ἔτος Τιβερίου Καίσαρος τὴν πεντεκαιδεκάτην τοῦ Τυβὶ μηνός, τινὲς δὲ αὖ τὴν ἐνδεκάτην τοῦ αὐτοῦ μηνός. τό τε 3 πάθος αὐτοῦ ἀκριβολογούμενοι φέρουσιν οἱ μέν τινες τῷ ἑκκαιδεκάτῳ ἔτει Τιβερίου Καίσαρος Φαμενὼθ κε', οἱ δὲ Φαρμουθὶ κε'· ἄλλοι δὲ Φαρμουθὶ ιθ' πεπονθέναι τὸν σωτῆρα λέγουσιν. ναὶ μήν τινες αὐτῶν 4 φασι Φαρμουθὶ γεγενῆσθαι κδ' ἢ κε'.

Übersetzung Seite 85f.

140

Tabelle 1. Paarweise Abendaufgänge von Jupiter und Saturn nach babylonischer Berechnungsweise

Jahre v. Chr.	SE	Jupiter Datum Länge	Saturn Datum Länge	Längen-Differenz
126 August	186	VI. 9 $10°7'$ Ululu Fische	VI. 8 $7°59'$ Ululu Fische	$+2°08'$
105 Mai	207	II. 20 $2°14'$ Aiaru Schütze	II. 13 $23°29'$ Aiaru Skorpion	$+8°45'$
87/86 D./Jan.	225	IX. 22 $8°21'$ Kislimu Krebs	X. 3 $17°54'$ Tebetu Krebs	$-9°33'$
67 August	245	V. 20 $28°50'$ Abu Wasserm.	VI. 3 $9°27'$ Ululu Fische	$-10°37'$
46 Mai	266	II. 2 $21°30'$ Aiaru Skorpion	II. 7 $24°45'$ Aiaru Skorpion	$-3°15'$
26 Januar	285	X. 18 $29°12'$ Tebetu Krebs	X. 22 $2°15'$ Tebetu Löwe	$-3°03'$
7 Sept.	305	VI. 21 $25°17'$ Ululu Fische	VI. 21 $24°16'$ Ululu Fische	$+1°01'$

Erster und zweiter Planetenstillstand in den Fischen ($\mathcal{H}$)

Jahre v.Chr.	SE	Jupiter Datum Länge	Saturn Datum Länge	Längen-Differenz
126	186	IV. 9 $\mathcal{H}15°09'$ VIII. 7 $\mathcal{H}5°05'$	IV. 8 $\mathcal{H}11°38'$ VIII. 18 $\mathcal{H}4°20'$	$+3°31'$ $+0°45'$
7	305	IV. 21 $\mathcal{H}30°21'$ VIII. 20 $\mathcal{H}20°13'$	IV. 29 $\mathcal{H}28°16'$ VIII. 21 $\mathcal{H}20°16'$	$+2°05'$ $0°03'$

I, II, ... Babylonische Monate. Zur Datumsumrechnung für SE 305 = 7 v. Chr. siehe Tabelle 4. Wegen der verschiedenen Kalendersysteme ist diese auf andere Jahre *nicht* übertragbar. Einen ungefähren Anhalt für die Jahreszeit der Abendaufgänge geben die in der ersten Spalte genannten Monate. Diese sind jedoch nicht deckungsgleich mit den rechts daneben stehenden Monaten des Babylonischen Kalenders.

141

Tabelle 2. Planetenerscheinungen 7/6 v. Chr. nach dem Babylonischen Kalender

Jahr Monat	Saturn	Jupiter	Mars	Venus	☉ / *
SE304 XII	nicht sichtbar	13 = 15. März FA in Fische	retrograd in Jungfrau	im Stier	27 FNG
SE305 I	3 = 4. April FA in Fische	in Fische	21 = 21. April St(W)	25 = 25. Apr. → Zwill.	28 SF
II	in Fische	in Fische	in Jungfrau	21 = 20. Mai → Krebs	15 *U
III	in Fische	in Fische	26 = 24. Juni → Waage	19 = 17. Juni → Löwe	29 SSW
IV	29 = 27. Juli St(E)	22 = 20. Juli St(E)	in Waage	14 = 11. Juli → Jungfrau	20 *FA
V	retrograd in Fische	retrograd in Fische	16 = 12. Aug. → Skorpion	11 = 7. Aug. → Waage	
VI	21 = 15. Sept. AA in Fische	21 = 15. Sept. AA in Fische	28 = 22. Sept. → Schütze	12 = 6. Sept. → Skorpion	
VII	retrograd in Fische	retrograd in Fische	im Schützen	retrograd im Skorpion	2 HNG
VIII	21 = 13. Nov. St(W)	20 = 12. Nov. St(W)	8 = 31. Okt. → Steinbock	5 U(W) 28.Okt 13 A(E) 6.Nov.	
IX	in Fische	in Fische	16 = 8. Dez. → Wasserm.	im Skorpion	
X	in Fische	in Fische	26 = 16. Jan. → Fische	10 = 1. Januar → Schütze	5 WSW
XI	in Fische	22 = 11. Febr. → Widder	in Fische	13 = 3. Febr. → Steinbock	
XII	9 = 27. Febr. U in Fische	im Widder	7 = 25. Febr. → Widder	11 = 2. März → Wasserm.	
XII/2	28 = 18. April FA im Widder	(1 ?) U im Widder	4 = 24. März → Stier	im Wassermann	8 FNG

Erläuterungen siehe nächste Seite!

142

Erläuterungen zu Tabelle 2: $\odot$ = Sonne; $*$ = Sirius.
I, II, ... Babylonische Monate: Namen und Datumsumrechnung siehe nächste Seite, Tabelle 4. XII/2 = Schalt-Adaru.
Arabische Ziffern *ohne* nachfolgenden Punkt bedeuten Monatstage im *Babylonischen* Kalender. $\rightarrow$ bedeutet Eintritt in ein Tierkreiszeichen; retrograd = Bewegung entgegen der Ordnung der Tierkreiszeichen.
FA = Frühaufgang; AA = Abendaufgang;
St(E) = östlicher Stillstand; St(W) = westlicher Stillstand;
U, U(W) = letzter sichtbarer Untergang (als Abendstern);
A(E) = erster Aufgang als Morgenstern.
FNG = Frühlings-Tag-und-Nacht-Gleiche;
SSW = Sommersonnenwende; WSW = Wintersonnenwende;
HNG = Herbst-Tag-und-Nacht-Gleiche.
SF = Sonnenfinsternis; diese von den Babyloniern auf den 28. Nisannu, 3 Stunden vor Sonnenuntergang vorausberechnete Sonnenfinsternis war dort tatsächlich partiell sichtbar. Übrigens bestätigt sie die Richtigkeit der Datumsrechnung: n-ter Nisannu SE 305 = (n+1)ter April 7 v. Chr., gültig für Himmelserscheinungen am hellen Tag und in der *vorhergehenden* zweiten Nachthälfte.

Tabelle 3. Die dreifachen Konjunktionen Jupiters mit Saturn

v. Chr.	im Zeichen	n. Chr.	im Zeichen	n. Chr.	im Zeichen
980	Wassermann	332/3	Waage	1425	Skorpion
861	Fische	411/2	Stier/Zwill.	1682/3	Löwe
821/0	Löwe	452	Waage	1821	Widder (F) R
563/2	Stier	709/10	Krebs	1940/1	Stier
523/2	Jungfrau	967/8	Widder (F)	1980/1	Waage
403	Waage (2)	1007/8	Jungfrau	2238/9	Krebs
146/5	Krebs	1265/6	Zwillinge R	2279	Skorpion
7	Fische	1305/6	Waage/Skorp.	2655/6	Jungfrau

(2) = Erste und zweite Konjunktion fielen zusammen;
(F) = teilweise im *Sternbild* Fische;
R = *dreifach* nur in Rektaszension.

143

Die hellsten „Normalsterne"; Längen im Babylonischen System

Aldebaran	14° Stier	Regulus	5° Löwe
Castor	25° Zwillinge	Spica	28° Jungfrau
Pollux	28° Zwillinge	Antares	15° Skorpion

Tabelle 4. Kalendervergleich 7/6 v. Chr.

Babylonisch und Jüdisch	Julianisch	(Alt-)Ägyptisch / Alexandrinisch
1. Tebetu SE 304	3. Jan. 7 v. Chr.	12./8. Tybi Ä.Aug. 23
1. Shabatu XI (305)	1. Februar	11./7. Mechir
1. Adaru XII	3. März	11./7. Phamenoth
1. Nisannu SE 305	2. April	11./7. Pharmuthi
1. Aiaru II	1. Mai	10./6. Pachon
1. Simanu III	31. Mai	10./6. Payni
1. Duzu IV	29. Juni	9./5. Epiphi
1. Abu V	29. Juli	9./5. Mesori
1. Ululu VI	27. August	(3. Toth)
3. Ululu	29. August	5./1. Toth Ä.Aug. 24
1. Tashritu VII (306)	26. September	3. Phaophi / 29. Toth
1. Arah'samna VIII	25. Oktober	2. Athyr / 28. Phaophi
1. Kislimu IX	24. November	2. Choiak / 28. Athyr
1. Tebetu X	23. Dezember	1. Tybi / 27. Choiak
15. Tebetu	6. Jan. 6 v. Chr.	15./11. Tybi
1. Shabatu XI	22. Januar	1. Mechir / 27. Tybi
1. Adaru XII	20. Februar	30./26. Mechir
1. Schalt-Adaru	22. März	30./26. Phamenoth

SE = Seleukiden-Ära; Ä.Aug. = Ägyptische Augustus-Ära.
Jahresanfang astronomisch: Nisannu; bürgerlich: Tashritu; daher die eingeklammerten Jahreszahlen (305), (306).
Alle Datumsgleichen gelten genau nur für den hellen Tag. Bei nächtlichen Ereignissen ist zu beachten, daß bei den Babyloniern und Juden der Kalendertag bereits am Vorabend begann und mit Sonnenuntergang endete, während in Ägypten der Kalendertag mit der Morgendämmerung begann und erst nach Ablauf der folgenden Nacht endete.

Tabelle 5. Zeittafel
Varronische und christliche Jahreszählung

ab urbe condita	Jahre vor/nach Christus	Bemerkenswerte Ereignisse
709	seit 45 v. Chr. 1. Januar	Julianischer Kalender
742	12 v. Chr. Aug. – Okt.	Komet Halley in China beobachtet
747	7 v. Chr. 12. November	die Magier in Bethlehem
748	6 v. Chr. 6. Januar	Erster Jahrestag der Geburt Jesu ?
749	5 v. Chr. März – April	Nova in China beobachtet
749	5 v. Chr. 15. September	Totale Mondesfinsternis, Feuertod des Matthias
750	4 v. Chr. März ?	Tod des Königs Herodes
751/2	3/2 v. Chr.	28. Alexandrinisches Jahr
753	1 v. Chr.	
754	1 n. Chr.	
767	14 n. Chr. 19. August	Tod des Kaisers Augustus, Tiberius Alleinherrscher
783	30 n. Chr. 7. April	Kreuztod Jesu ?
819	66 n. Chr. Febr. – April	Komet Halley
823	70 n. Chr. 6.(?) August	Zerstörung des Tempels
945	192 n. Chr. 31. Dezember (Neujahrsnacht)	Ermordung des Kaisers Commodus
971	218 n. Chr. April – Mai	Komet Halley läßt Origines vermuten, daß der Stern von Bethlehem ein Komet war.
1278	525 n. Chr.	Dionysius Exiguus führt die Jahreszählung "nach der Menschwerdung Christi" ein.

Auch neueste Untersuchungen kompetenter Historiker bestätigen, daß
Herodes I. im Frühjahr 4 v. Chr., wahrscheinlich im März, in Jericho gestor-
ben ist. Nur der Tag bleibt unbestimmbar.
Daher kommen *später* eingetretene Himmelserscheinungen jeder Art als
„Stern von Bethlehem" sicher *nicht* in Betracht. – Das schon von Klemens von
Alexandria (vgl. Seite 102) bezeichnete Kreuzigungsdatum, Freitag, 7. April
30, ist trotz seiner hohen Wahrscheinlichkeit nicht unbestritten geblieben.

Grundlegende Literatur

Novum Testamentum Graece et Latine, Herausgeber: E. Nestle & K. Aland; Württembergische Bibelanstalt Stuttgart
Einheitsübersetzung der Hl. Schrift, Das Neue Testament, 7. Aufl., Stuttgart 1988
O. Neugebauer, Astronomnical Cuneiform Texts, 3 vol.; Humphries, London 1955 (oft zitiert als ACT)
O. Neugebauer, A History of Ancient Mathematical Astronomy; Springer-Verlag Berlin–Heidelberg–New York 1975 (HAMA)
A. J. Sachs (Herausgeber), Late Babylonian Astronomical and Related Texts; Providence, Rhode Island 1955 (LBAT)
A. J. Sachs & C. B. F. Walker, Kepler's View of the Star of Bethlehem and the Babylonian Almanac for 7/6 B. C.; in: IRAQ, vol. 46 (1984), 43–55
B. Tuckerman, Planetary, Lunar, and Solar Positions 601 B. C. to A. D. 1; Mem. American Philosoph. Society, vol. 56 (1962)
R. A. Parker & W. H. Dubberstein, Babylonian Chronology; Brown University Press, Providence, Rhode Island, 1956
R. Schram, Kalendariographische und chronologische Tafeln; Hinrichs'sche Buchhandlung, Leipzig 1908
M. Testuz, Papyrus Bodmer V., Nativité de Marie; Bibliotheca Bodmeriana, Cologny-Genève, Schweiz, 1958
Abhandlungen vom Autor des Buches, K. Ferrari d'Occhieppo, in Schriften der Österr. Akademie der Wissenschaften: Jupiter und Saturn ... nach babylonischen Quellen; Sitzungsber. math.-nat. Kl. II/173 (1965), 343–376
Der Stern der Magier; Anzeiger phil.-hist. Kl. 111 (1974) Nr. 13
Wann wurde die 1151jährige Venus-Periode entdeckt? Sitzungsber. math.-nat. Kl. II/186 (1978), 441–447
Die Osterberechnung als Kalenderproblem ... Sitzungsber. phil.-hist. Kl. 364 (1980), 91–108

Weitere Literatur (mit erläuternden Notizen)

Johannes Kepler, Gesammelte Werke, Band V., München 1953:
De Anno Natali Christi (1614). Nach eigenen Untersuchungen
über Große Konjunktionen betrachtete Kepler jene von
7 v. Chr. gewissermaßen als kosmisches Signal für den Anbruch
des Zeitalters Christi, meinte jedoch, als Stern der Magier eine
(hypothetische) Nova im Jahre 5 v. Chr. annehmen zu müssen.
L. Ideler, Handbuch der mathem. und techn. Chronologie, Bd. II.,
Leipzig 1826; S. 399 ff. Angeregt durch den Theologen Fr.
Münter berechnete Ideler die Konjunktion von 7 v. Chr. neu
und betrachtete diese allein als den Stern der Magier.

Diese Theorie haben folgende Autoren weiterentwickelt:
H.-H. Kritzinger, Der Stern der Weisen, Gütersloh 1911.
Oswald Gerhardt, Der Stern des Messias, Leipzig 1922.
P. Schnabel, Der jüngste datierbare Keilschrifttext, in:
Zschr. f. Assyriologie 36 (1925), 66 ff. Schnabel schloß aus dem
Fragment VAT 290 (vgl. Abb. 2 b), daß die biblischen Magier
babylonische Astronomen waren.
R. Henseling, Umstrittenes Weltbild, Leipzig 1949, S. 80 ff., faßte
die Ergebnisse von Kritzinger und Gerhardt griffig zusammen
und trug dadurch viel zu deren Verbreitung bei.
K. Ferrari d'Occhieppo, Der Stern der Weisen, Wien 1969, ist im
astronomiegeschichtlichen Kern noch gültig, aber in vielen Ein-
zelheiten vom jetzt vorliegenden Buch überholt.
D. Wattenberg, Die Große Konjunktion ..., in: Schriften der
Archenhold-Sternwarte Berlin-Treptow Nr. 34, 1969.
David Hughes, The Star of Bethlehem Mystery, London 1979.
Hughes bevorzugt die Grundidee von Ideler unter Berücksich-
tigung neuerer Gesichtspunkte, berichtet aber auch ausführlich
über davon abweichende Erklärungsmöglichkeiten.
A. Strobel, Der Stern von Bethlehem – Ein Licht in unsere Zeit?
Flacius-Verlag, Fürth in Bayern 1985. Der meditative Text des
Büchleins wird von beachtenswerten Abbildungen begleitet, die
einer wissenschaftlichen Arbeit desselben Verfassers entnom-

men sind: Große Konjunktion und Messiasstern, in: Aufstieg und Niedergang der Römischen Welt, Band 20/2, S. 990–1188; Walter de Gruyter, Berlin – New York 1987.

Monatsthema: Die Zoo-Hypothese

Berichte über UFO-Sichtungen faszinieren nach wie vor die Öffentlichkeit. Angebliche Landungen von Wesen aus dem All erregen die Gemüter und werden bereitwillig von Presse, Funk und Fernsehen aufgegriffen. Doch wie bei vielen Sensationsmeldungen der Fall, der wahre Kern entpuppt sich häufig als banales Ereignis. Oft bleibt die Wurzel solcher Nachrichten unentdeckt, viele angebliche Beobachtungen Außerirdischer wurden nie aufgeklärt. Ungelöste Fälle sind Wasser auf die Mühlen jener, die behaupten, daß wir längst Kontakt zu den Extraterresten aufgenommen hätten, Regierungen aber solche Begegnungen geheimhielten. Je weniger konkretes Material vorliegt, desto fanatischer die gläubige Gemeinde der Ufologen. So wundert es nicht, daß Astronomen lange Abstinenz übten, wenn es um Fragen und Forschungen zum Thema „Leben im All" ging. Sie wollten nicht in den Ruf unseriöser Tätigkeit geraten. Doch diese Einstellung ernstzunehmender Wissenschaftler hat sich in den letzten Jahren grundlegend geändert. Die Suche nach außerirdischem Leben ist salonfähig geworden. Ernstzunehmende Forschungsprojekte beschäftigen sich mit den Problemen der Kontaktaufnahme mit hochentwickelten, extraterrestrischen Zivilisationen. Im Jahre 1982 wurde von der Internationalen Astronomischen Union (IAU, weltweite Organisation der Berufsastronomen) auf ihrer Generalversammlung in Patras (Griechenland) die Kommission 51 „Search for Extraterrestrial Life" (Suche nach außerirdischem Leben) gegründet. Die über 300 Mitglieder dieser Forschungsgruppe treffen sich im Rahmen von Symposien, um Erfahrungen auszutauschen und Arbeitsergebnisse zu diskutieren. Im Jahre 1984 fand ein solches Treffen in Boston statt, 1987 in Balatonfüred (Ungarn) und 1990 in Val Cenis (Frankreich). Inzwischen hat sich die IAU-Kommission 51 einen neuen Namen gegeben BIOASTRONOMY. Hauptsächlich zwei Gründe veranlassen die Wissenschaftler zu vermuten, daß die Erde nicht der einzige Ort in den Weiten des Universums ist, der Leben beherbergt. Einmal zeigen Untersuchungen von Sternentstehungsnestern, daß vermutlich auch andere Sonnen von Planeten umkeist werden. Infrarotmessungen lassen Staubscheiben um nähere Sterne erkennen, die Vorstufen zur Bildung von Planetensystemen sein können. Zum anderen weiß man nicht nur, daß die Naturgesetze universelle Gültigkeit haben und daß im Weltall die gleichen chemischen Substanzen wie auf der Erde vorkommen, sondern auch, daß die Materie die universelle Eigenschaft zu besitzen scheint, komplexe Strukturen, nämlich Ketten und Ringverbindugen, zu bilden. Die Radioastronomen haben entdeckt, daß in den interstellaren

Gas- und Staubwolken komplizierte Molekülverbindungen, insbesondere Kohlenwasserstoffe, vorkommen. Solche Molekülkomplexe sind die Grundbausteine für Organismen. Es gibt noch weitere Hinweise, daß die Eigenschaft der Materie, komplexe Strukturen und damit Lebensformen zu bilden, nicht nur auf die Erde beschränkt ist, sondern auch im Universum vorhanden ist:

In niedergegangenen Meteoriten entdeckte man Aminosäuren, die sicher extraterrestrischen Ursprungs sind. Aus Aminosäuren setzen sich die langen Kettenmoleküle der Proteine (Eiweißkörper) zusammen, aus denen alle Lebewesen, Bakterien, Pflanzen, Tiere und Menschen bestehen. Die irdischen Aminosäuren haben alle die optische Eigenschaft, die Polarisationsebene hindurchgehenden Lichtes nach links zu drehen. In Meteoriten wurden aber auch Aminosäuren entdeckt, die rechtsdrehend sind und somit außerirdischen Ursprungs sein müssen.

Natürlich sind Aminosäuren noch keine Lebensformen. Es bedarf einer Reihe weiterer, sehr spezieller Bedingungen, vor allem aber großer Zeiträume, damit sich Leben entwickeln kann. Wie weit die Voraussetzungen für die Entstehung von Leben in unserer Milchstraße erfüllt sind, wissen wir heute schlicht nicht. Die einzelnen Faktoren sind unbekannt, man muß raten. Je nachdem, ob man optimistische oder eher realistische Annahmen macht, erhält man zwischen einigen Tausend und nur einigen wenigen Planeten mit intelligenten Bewohnern in unserer Galaxis. Für Pessimisten gilt ohnehin die Gleichung $N = 1$ für die Zahl bewohnter Welten. Ihrer Auffassung nach ist unsere Zivilisation die einzige im Universum.

Geht man aber von der nicht ganz unberechtigten Annahme aus, daß wenigstens ein paar extraterrestrische Zivilisationen in unserer Milchstraße existieren, so müßten wir eigentlich schon Kontakt mit ihnen haben. Zwar sind wir sicher viele Lichtjahre voneinander getrennt, und kein Raumschiff kann mit Lichtgeschwindigkeit fliegen oder sie gar übertreffen, aber die Überlegungen der SETI-Forscher sind etwa folgende: Unsere Galaxis ist rund zehn Milliarden Jahre alt. Wenn es mehrere – und seien es nur einige Dutzende – technische Zivilisationen in ihr gibt, so wäre es verwegen anzunehmen, die unsere wäre am weitesten fortgeschritten. Allein unsere Fähigkeit, mittels elektromagnetischer Wellen Kommunikation zu betreiben, ist gerade 100 Jahre alt – ein winziger Augenblick in der Milliarden Jahre währenden Geschichte der Milchstraße.

Leseprobe aus „Das Himmelsjahr 1992" von Hans-Ulrich Keller, erschienen bei Franckh-Kosmos, Stuttgart

Himmelsbeobachtung

Hans Ulrich Keller
■ **Das Himmelsjahr 1992**
Das unverzichtbare Jahrbuch zur
Beobachtung aller astronomischen
Ereignisse im Laufe des
Jahres. Mit interessanten
Themen, ausführlichem
Tabellenteil, Klimaanga-
ben für Amateurbeobach-
ter sowie wissenswerten

Monatskapiteln wie z.B.: Wann
wird die Sonne zum Roten Riesen?
Was sind Bosonensterne? –
Was ist eine Himmelsrichtung
4. Ordnung?
230 Seiten, ca. 220
Abb., 80 Tabellen,
Sternkarten
Erscheint jährlich

Franckh-Kosmos · Stuttgart